国外土木建筑工程系列

建筑设计与前期策划

〔日〕 服部岑生　佐藤　平　荒木兵一郎
　　　水野一郎　户部荣一　市原　出
　　　日色真帆　笠岛　泰　岸本达也　　著
　　　崔正秀　崔硕华　　译

U0198589

中国建筑工业出版社

著作权合同登记图字：01-2015-2995 号

图书在版编目（CIP）数据

建筑设计与前期策划／（日）服部岑生等著；崔正秀，崔硕华译．—北京：中国建筑工业出版社，2019.1
（国外土木建筑工程系列）
ISBN 978-7-112-22978-9

Ⅰ.①建…　Ⅱ.①服…②崔…③崔…　Ⅲ.①建筑设计－策划　Ⅳ.① TU2

中国版本图书馆 CIP 数据核字（2018）第 263109 号

责任编辑：率　琦　白玉美
责任校对：李美娜

国外土木建筑工程系列
建筑设计与前期策划
[日] 服部岑生　佐藤　平　荒木兵一郎
　　　水野一郎　户部荣一　市原　出
　　　日色真帆　笠岛　泰　岸本达也　　　著
　　　崔正秀　崔硕华　　译
*
中国建筑工业出版社出版、发行（北京海淀三里河路 9 号）
各地新华书店、建筑书店经销
北京锋尚制版有限公司制版
北京京华铭诚工贸有限公司印刷
*
开本：787×1092 毫米　1/16　印张：12　字数：355 千字
2019 年 1 月第一版　2019 年 1 月第一次印刷
定价：45.00 元
ISBN 978-7-112-22978-9
　　　（33068）
版权所有　翻印必究
如有印装质量问题，可寄本社退换
（邮政编码 100037）

作者简历

服部岑生
1941 年　出生于爱知县
1964 年　东京大学工学部毕业
现任　　千叶大学研究生院自然科学研究室教授、工学博士

水野一郎
1941 年　出生于东京都
1966 年　攻读东京艺术大学研究生院建筑学专业
现任　　金泽工业大学工学部教授、工学硕士

日色真帆
1961 年　出生于千叶县
1991 年　攻读东京大学研究生院工学系研究室博士课程
现任　　爱知淑德大学现代社会学部教授、工学博士

佐藤平
1935 年　出生于福岛县
1960 年　日本大学理工学部毕业
现任　　日本大学工学部教授、工学博士

户部荣一
1949 年　出生于东京都
1972 年　东京大学工学部毕业
现任　　木昌山女学园大学生活科学部教授、工学博士

笠岛泰
1948 年　出生于神奈川县
1974 年　攻读千叶大学研究生院工学研究室硕士课程
现任　　大同工业大学工学部教授、工学博士

荒木兵一郎
1932 年　出生于大阪府
1960 年　攻读大阪大学研究生院工学研究室博士课程
现任　　关西大学名誉教授、工学博士

市原出
1958 年　出生于福冈县
1993 年　攻读东京大学研究生院工学系研究室博士课程
现任　　东京工艺大学工学部教授、工学博士

岸本达也
1968 年　出生于东京都
1998 年　攻读东京大学研究生院工学系研究室博士课程
现任　　庆应义塾大学理工学部专任讲师、工学博士

序言

在书店，有关建筑规划的专业参考书种类很多。其中，朝仓书店出版发行的《建筑规划》，历史悠久，被推举为许多大学的教材，一直深受学生喜爱。该书最初的出版时间大约是 25 年前，已有 1/4 世纪历史。该书的主要作者前田尚美先生已经引退，高桥先生和川添先生已经离世。《建筑规划》一书，内容独特，从建筑规划的基础知识到应用进行了全方位阐述，被誉为社会评价较高的书籍之一。由于时代的价值观和建设领域发生很大变化，有必要对该书进行大规模的改编。

为此，由佐藤平和服部岑生发起，重新编写新的建筑规划专业书籍。新书的书名为：《建筑设计与前期策划》，旨在继承该书的传统，把握 21 世纪建筑规划领域。

本书具有以下三个特点：

（1）鉴于社会对建筑设计领域的关心日益增长，详细说明设计的意义和方法，收集和介绍建筑作品和发展趋势。

（2）在建筑规划中，以专业化设施规划为首，环境、资源、城市景观、地域社会再生等社会课题非常突出，建筑师承受很大的社会责任。本书阐述近年来建筑规划领域中涌现的先进理论和方法，强调建筑领域里的职业伦理道德和技术责任。

（3）以全新的作者团体，介绍更广泛的专业领域，其内容广泛、充实。

将本书用作参考书或者教材的读者，会惊喜地发现，本书在许多地方与前一版不同。之所以出现惊喜和疑惑，是因为建筑规划领域的专业知识发展很快，超出一般的想象。读者通过本书，可以理解面对 21 世纪建筑规划的新课题如何转变规划思想。

最后，真诚期待读者把握本书，精心专研，自我革新。

作者代表　服部岑生

2002 年 4 月

目　录

3. 设计规划思考——建筑规划理论

7. 建筑规划研究

0. 前言

a. 建筑的起源

建筑是综合性技术的统称。

我们经常使用"建筑"一词，建筑物也是类似的词语。建筑物可以简单认为是建造的物体或者建造的结果。探究建筑词汇来源，拉丁语的意思是综合的技术。也就是说建筑具有综合所有技术之意，建造建筑物需要综合技术。建筑师都喜欢使用建筑一词，本书中把建造建筑看作综合的技术、创造美丽（艺术）、学问基础（学术）三位一体的词汇，用词上使用建筑，不使用建筑物。

b. 理想的建筑形象

美丽的建筑展现精湛的艺术美和高超的技术，非常感动人。当代建筑师伊东丰雄设计的传媒中心（仙台），作为21世纪建筑受到很高的评价。不仅在外观和技术上下了功夫，还展现了与以往不同的、象征新时代气氛的表现手法。实现了与当地合作，高品位的完成公共建筑设计的方法。该方法不仅在建筑硬件上，在经营活动规划等软件上的表现也很优秀。

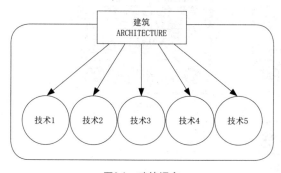

图0.1　建筑语言

21世纪建筑，不仅需要外观和技术出众，而且还要展现时代的感性，要与他人精诚合作。只有这样，才能实现理想的、人人都喜欢的优秀建筑。创造建筑始于发包人和事业者的建设意愿，发包人持有建筑的建设条件，该条件是创造建筑的重要因素。古希腊时期的建筑建设，尤其是公共建筑建设，都是由市民中富裕的发包人和有资产的人捐赠的。捐赠者都指定最优秀的建筑设计师进行建筑建设。

与市民一起，根据当时的审美观点和建造水平以及建筑历史，对建筑设计进行评价，选择更加细致和精炼的建筑设计方案。与市民一起重视传统，精心挑选的思考方式，在当代也理应通用。

究竟什么是优秀的建筑？力求找到答案固然最重要，作为现代建筑师更应该努力解决建筑所要求的种种条件和与现代环境相关的社会问题等课题。作为建筑从业者，不仅要挖掘以往建筑的优点并进行不断改良和实现，而且有义务不断探究建筑还能做什么的问题。

c. 设计规划的意义

我们身边的住宅是最有代表性的建筑。除此之外，经常光顾的书店、餐馆等属于商业设施建筑。图书馆、美术馆、大学、礼堂等被称为公共设施，办公楼被称为业务设施，工厂等被称为生产设施。我们身边的所有建筑物都属于若干种类的建筑。

建造这些建筑，站在建设自宅者的立场上看，绝对是一件幸福的事情。想象中的理想居住即将得到实现，那是何等的欢喜。能够实现理想，意味着解决了之前使用困难的问题，意味着实现了适合自己生活方式的居住，心情自然很愉快。

建造住宅，站在建造专业技术人员或者建筑师的立场上看，是为其家族、委托建筑的人也即发包者提供服务。专业建筑师的服务热情、到位，就可以满足委托建筑的人的要求。反之，会引起委托建筑的人的不满。从这个意义上，建筑师不能仅限于热情，还有义务提供出色的服务。

建造建筑，其实就是建造我们的日常生活不可或缺的建筑物，它必须符合社会的需求性。与社会需求相适应的建筑，必须满足人的各种需求。建造满足要求的建筑，其实质就是顺应人的需求，因此建造建筑是一件非常有价值的社会性工作。

建筑规划是建造建筑最初的阶段。在建筑规划阶段，需进行细致入微地研讨和规划建筑设计。这是建筑规划的目的。建筑规划阶段是进行设计规划的作业阶段。根据建筑发包人的设计条件，以建筑方式和方法为基础，进行设计规划。

上左：正面全景
上右：一层大厅
下左：出入口接待处
下右：出入口柱子

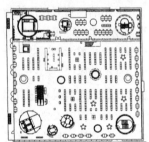

三层平面图

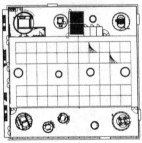

六层平面图

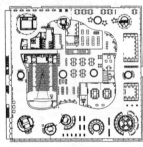

七层平面图

二层平面图

五层平面图

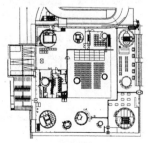

一层平面图

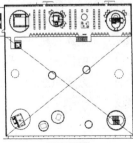

四层平面图

图0.2　运用新多米诺原理的"仙台传媒中心"

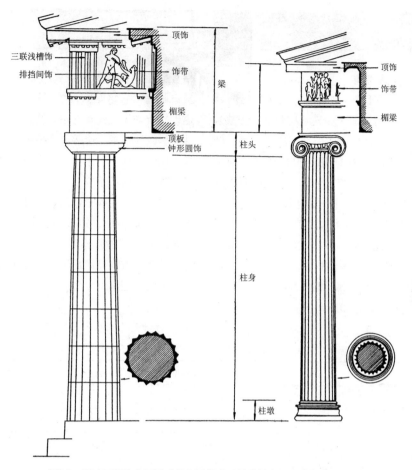

图0.3 经过不断改良而形成的柱子样式 "希腊的陶立克式和爱奥尼克式"

(西洋建筑史思考[M]. 理工图书株式会社，1973)

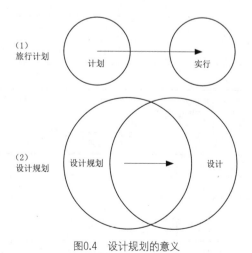

图0.4 设计规划的意义

1.1 建筑工作是什么

a. 建筑现场、建筑种类

在日本，是如何进行建筑工作的呢？它与建筑规划和设计作业特点有关。建筑的数量（栋数）、规模（总占地面积）、种类（用途、所有关系、结构种类等）等情况又如何呢？根据表 1.1 的数据，1998 年的开工数为 200 万栋，总占地面积为 193 万 ㎡（开工统计）。其中，居住设施占据多半，约 110 万 ㎡，剩下的 40% 为公共建筑设施、民间商业设施和生产设施。建筑发包人，个人占 50% 且民间占 90%。所采用的建筑结构中，木结构占 30%，劲性钢筋混凝土结构占 25%，钢筋混凝土结构建筑占 20%。由此可以了解建筑活动的活跃程度。

新建建筑数量和规模与 20 世纪后半叶相比，呈下降趋势。这是因为经济进入长期低迷徘徊期、建设投资减少、建筑的耐久性相对提高、房屋折旧减少、改建需求下降等因素所致。尤其是占建设量很大比例的住宅，由于购买人口的急剧下降，导致了新建住宅数量下降。

现有建筑的改造建设数量呈逐年上升趋势。虽然没有准确的统计数据，在住宅设施领域，改造原有建筑的活动非常活跃。在其他设施领域，也有翻建、改建、改变使用用途的再生建筑。已有若干效果显著的规划案例。

最新建筑统计（摘自建设省建设经济局情报调查科"建设综合统计"）　　　　表 1.1

	建设投资估算（单位：亿日元）			
	建筑		建筑	
	住宅	非住宅	政府	民间
1998 年	估计 198500	135900	52800	218600
1999 年	预测 212400	29700	60200	282000

建设工程承包 A 调查（50 家大企业）（单位：10 亿日元，不满 10 亿日元舍去）（建设省建设经济局情报调查科"建设工程承包调查"）

	建筑											小型工程
	小计	办公官邸	住宿设施	店铺	工厂发电	仓库物流	住宅	教育研究文化设施	医疗福祉设施	娱乐设施	其他	
1997 年	12149	1988	399	1048	1719	455	2942	996	1086	526	836	148
1998 年	10345	1669	277	844	1136	286	2405	1161	1235	463	836	138

建筑类别、用途类别、使用类别开工建筑物（1998 年度，单位：10^3㎡，10 亿日元）（建设省建设经济局情报调查科"建筑开工统计调查"）

（用途类别）								
	居住专用	居住产业并用	农林水产	矿产工业	公益事业	商业用	服务业	公务文教	其他
用地面积	110106	9175	4003	13416	5701	20159	15257	15187	349
工程预算	18437	1659	300	1467	979	2474	3244	3582	53

（使用类别）						
	办公	店铺	企业	仓库	学校校舍	医院诊疗所	其他
用地面积	8593	13289	11443	8639	5071	5032	22005
工程预算	1659	1523	1322	715	1106	1309	4466

最新不同结构类别建筑开工用地面积（单位：10^3m^2）（建设省建设经济局情报调查科"建筑开工统计调查"）

	木结构	劲性钢筋混凝土结构	钢筋混凝土结构	钢结构	混凝土砌块结构	其他
1997 年度	74287	19583	42955	82953	221	581
1998 年度	70008	15778	36986	69856	180	545

最新住宅开工（建设省建设经济局情报调查科"建筑开工统计调查"）

	新建住宅		其他		自家住宅		按揭住宅		供给住宅		分块住宅		其他	
	户数	用地面积	户数	用地面积	独栋、大杂院	集合式	独栋、大杂院	集合式	独栋、大杂院	集合式	独栋、大杂院	集合式	独栋、大杂院	集合式
1996 年度	1630	157014	110	5890	79334	803	6292	4	1327	576	20	22	1474	200
1997 年度	1341	123751	90	4793	59833	711	4471	3	1328	475	20	21	1363	212
1998 年度	1180	110978	85	4585	52933	585	4341	2	1229	403	20	13	1132	167

预制组合式新建住宅户数（建设省建设经济局情报调查科"建筑开工统计调查"）

区分	总数	利用关系分类				结构类型分类		
年度		自家	租房	供给	商品房	木结构	钢结构	混凝土结构
1996 年度	340	182	128	2	29	133	193	14
1997 年度	276	129	114	2	30	109	156	10
1998 年度	251	125	101	1	23	99	143	8

b. 建筑工作的开始：用途、地域、发包者

以住宅为主的建设活动，在大城市中心区或者沿海区域尤其活跃。与此相比，在大城市郊区、地方城市和城镇，建设活动几乎停滞。另一方面，教育设施、医疗设施等公共建筑，由于要求符合最新建筑理念，尽管数量不多，还在持续地进行与地域无关的新建和改建活动。在商业、办公等民间设施中，大型商业复合设施建设曾一度表现活跃，主要针对经济动向和人口移动，活跃度整体上处于较低水平。

建筑发包者的情况是，有类似于家族形式的少数使用者，有公司等团体活动所需的设施，也有团体进行经济活动所需的建筑。以组织作为发包者时，由所有者或管理者代表组织发包。此时由于建筑的使用人数众多，事先不能指定使用者的情况居多。这种为不特定多数使用者提供服务的建筑设计，不能只根据发包者的设计条件，还要倾听使用者的诸多需求。这种需求必须通过调查研究予以明确。

全景

旧大厅展示会

装饰一新

图1.1 激活地域资产的公共建筑：大谷幸夫"千叶市美术馆"（1994年）

改造原川崎银行（1926年）新文艺复兴时期空间结构，成为亲市民"护殿式"美术馆，其中的一部分作为区政府办公。

1.2 设计规划的职场与职能

a. 建筑技术者：建筑规划、设计的职场与职能

在日本的建设行业，登记注册的公司企业总计59万家，其中可以提供一站式服务的总承包商有22万家。这个数值还在逐年增加，半数以上的企业属于小资本中小型企业，行业竞争十分激烈。多数企业在建筑施工中投入一级建筑师，普遍采取设计施工一体化的日本式建筑生产方式。建设行业的设计组织，一贯采用最新的生产方法，在生产合理化方面很有特色，深受事业主（业主）的信赖。设计组织内部的专业分工体系非常发达，每一个设计阶段都有相应的专业技术人员负责各自的专业领域。

建筑师的数量也在逐年增加，目前一级建筑师29万人，一级建筑师事务所8.7万家，二级建筑师61万人，二级建筑师事务所4.3万家。另外木结构建筑师1.3万人，木结构建筑师事务所1000家。该数据与美国等建筑存量集中、人口规模大的国家相比较，过于庞大，很有必要进行行业结构性调整。

国际上活跃的建筑师，多数接受过以欧美为中心的UIA（世界建筑师联盟）的教育培训，经过考试获得建筑师执业资格。日本的建筑师制度与UIA的要求不完全一致，建筑师执业资格与国际接轨的意愿至今并不迫切。在世界建筑设计市场，欧美和中国都主张平等竞争。而现行日本的制度是：接受

最新建筑师数量（建设省住宅局建筑指导科，1988 年） 表 1.2

级别	建筑师注册数			建筑师事务所注册数					
	一级建筑师	二级建筑师	木结构建筑师	一级建筑师		二级建筑师		木结构建筑师	
				个人	法人	个人	法人	个人	法人
	285255	610686	12766	33883	53751	24306	19068	888	300

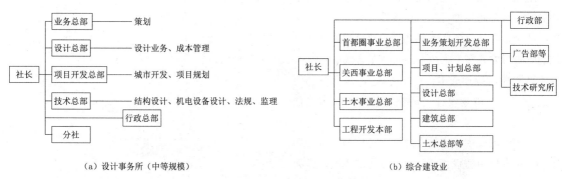

（a）设计事务所（中等规模）　　　　　　　（b）综合建设业

图1.2　设计事务所与综合建设业组织机构图

建筑教育时间短，不要求进行实习。此外，欧美的建筑师相对独立于建设行业，而日本则采取设计施工一体化的传统的生产体制，都以综合建设业为活动背景。

b. 职能的专业性

不同类别的建筑规划与设计，都需要专业的知识和经验。最简单的住宅建筑，其居住者即发包者的要求也是各式各样。满足复杂且繁多的设计要求，建筑信息和技术知识必须贯彻到生活的每一个细节。同样是针对医院建筑的各个诊疗科室，也要求具备满足不同设计条件的专业技术。尽管建筑设计要求专业知识，但是在日本未必只依靠技术人员的专业性来决定。这与学习建筑建造工作始于经验，

并不是通过教育形成有关，还与建筑规划市场规模小，专家很难自立有关。专家通常都来自可以做各种建筑设计的多面手。而在美国，设计师与工程师的教育是不同的，其职业历来也是相分离的。近年来，设备管理技术领域的整合日显突出，出现了专业从事设备管理技术业务的职业。从事该职业的技术者，既是建筑领域的技术者，又是具备经营等领域技术的专家。他们纷纷以项目经理人的角色崭露头角。日本也受到这种来自美国的冲击。专家、复合型技术者，在建筑建造职业中哪一个更具备社会性职能，值得深思。

c. 从功能、成本到生产方式

建筑的设计工作，始于建筑的建造之前，最后由施工来完成建筑物的建造。这一系列的建筑过程称为建筑生产。从整个生产过程看，建筑设计依赖于发包者的条件和要求，可以说是对建筑的功能和成本产生很大影响的作业阶段。建筑的性能（以功能为前提的建筑特征）取决于生产，如何进行生产自然成为大焦点。建筑生产，以前多表示建设，现在包括从建设合同到建设作业的全部内容。设计可以当作生产的开始，从设计到施工结束的全过程称为生产。把设计排除在外，仅思考建设合同到竣工为止的作业，建设目的就是把设计所表示的建筑物保质保量（建筑所含功能的质量）的、以合理的成

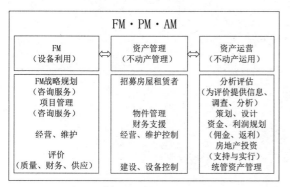

图1.3　围绕设备管理的新兴职业
（JFMA Current, No.52, 2001年1月）

本完成。所谓在设计中考虑建筑物的品质和成本，指的就是设计必须满足建筑的必要条件，使符合性能的建筑物在合理的成本下完成。纵观建筑生产全过程，建设的目的就是以合理的成本完成符合设计要求的建筑。

现在的做法是，先规划以最佳的成本保证预定功能的、合理的生产程序。建筑设计必须全盘考虑生产的全过程。保证成本和功能的建设程序，从以往的分阶段方式转变为企业经营改革方式（在设计、施工各阶段，策划成本最优化方式），采取各部门协商方式（与策划设计主体相对独立的成本管理方式）。

在生产方式中成本的合理性管理称为项目管理（PM）。也有使用建设管理（CM）概念的情况，比起项目管理，建设管理的责任面更宽。在策划和设计阶段，项目管理的内容就是成本管理。与过去相比，现在的建筑设计更加注重成本和性能，设计的前提不断发生变化。

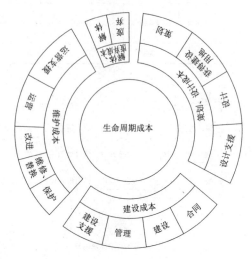

图1.4　LCC成本因素（建筑规划教科书［M］．彰国社，1989）

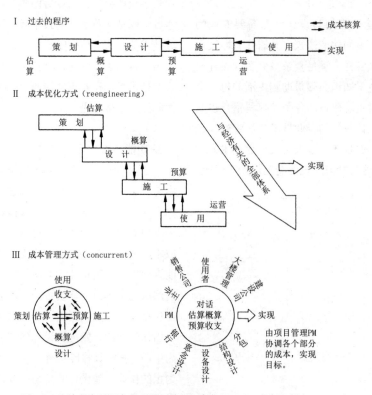

图1.5　建筑生产过程变化（项目管理必备知识［M］．鹿岛出版会，1997）

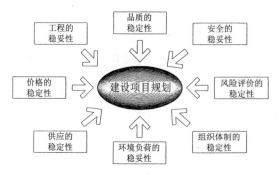

图1.6　项目管理的作用
（建设事业与项目管理［M］. 森北出版，2000）

与过去相比，建筑师的成本与功能控制，直接关系到建筑设计能否得到发包者的信任。设计的变化首先反映到设计规划，具体反映到使用者与事业经营者的各种要求、建筑结构与材料选择、建筑空间构成等。包括建筑工程成本在内，要求建筑相关成本的合理化。提到成本问题，更倾向于采用包含运营成本在内的，优化总建设成本（生命周期成本，LCC）的设计管理。

1.3　各种建筑与设计规划

a. 建筑的分类历史

建筑的类型（大楼类型）是如何分类的？为何要对公共建筑和民用建筑进行分类？明治维新使日本的社会和政治发生变化，决定了其基本的分类方向。明治改革是日本近代建筑的开始。这个时期，学习外国，设立了学校、图书馆等主要公共建筑。

第二次世界大战以后，形成了现在的建筑形态（空间形式）。

尤其决定了学校、医院等与制度相呼应的建筑形态。在住宅建筑领域，积极倡导集合式住宅建设，引进欧美的生活样式，使住宅规划的思考方式发生了很大变化。

综上所述，人类的社会活动，包括居住、学习、看病、购物等所有活动，随时代变化而发生变化。建筑作为人类活动的必要场所，也必然发生相应的变化。近代以前，没有为市民服务的学校建筑，明治时期以后作为国策修改教育制度，建设相应的设施。从建筑内容上看，明治和大正时期的学校建筑与现代学校建筑相比，其建筑形态有很大不同。这是不同时代要求的学校教育内容不同所导致。建筑设计要求实现时代赋予的建筑形象。建筑技术者满足业主的要求进行建筑设计，必须充分理解业主所需要的建筑活动，同时多数项目是在得到肯定的基础上才能开始设计工作。

不过，时代要求的建筑形象（或形态）并不是固定不变的，其内容是不断发生变化的。有的变化比较缓慢，较难意识到它的变化，而有的变化则非常剧烈。究其原因，有来自时代性、社会性方面的原因，也有来自具有超前意识的建筑技术者方面的原因。

需要注意的是，在社会需求的变化与新建筑空间形式、类型的关系上，建筑设计负有很大的责任。

b. 发展成因

埃里克森说："对没有矛盾的建筑，重要的是继承和发展过去的建筑形态。对与使用者要求产生矛盾的建筑，必须在其空间形式上解决问题。这是因为新建筑是在相互对立或者解决复合性问题的过程中所产生"。

立体有各式各样的形态。人类的活动条件，在许多场合都与建筑条件相互对立。学校的教室既是集中精力紧张学习的场所，又是孩子们放松的、进行课外活动的场所。走廊既是通行的场所，也是站着说话等自然行为的场所。任何空间都要同时满足设计条件。如果解决的问题不充分，就会出现空间与建筑相互对立的情况。对于新的人类活动，建筑条件的研讨尚不充分，必须进行持续的研究。例如：对进行开放教育系统的学校建筑，只在就近20年的时间进行稍微的改进，一直沿用到今天。对超高层集合式住宅也只有10年的建设历史，尚处于研究阶段。

最近以来，虽然不属于埃里克森所说的那种情况，但是认为定型化的现代建筑空间构成并不能完全满足人类活动，提出了新的建筑空间构成方案。尤其是在公共建筑设计上，认为设计条件制度的条

建筑的开始与历史

表 1.3

建筑类别	1870 M1	1880	1890	1900	1910 T1	1920	1930 S1	1940	1950	1960	1970	1980	1990	2000
住宅			·日式洋式并建 ·住宅专用理论	·洋式接待间 ·中间走廊式		·厨房改造 ·生活改善同盟会 ·起居室中心式	·流水别墅	·文化生活评论 ·萨伏伊别墅（高尔）·31 ·萨满之家·42（琼斯） ·玻璃别墅·36（莱特）	·核心式 ·普及预制组合式 ·双核宅（福罗伊家）		·史密斯私宅（迈耶）			
集合式住宅			·下宿屋	·八幡社宅住宅 ·仓纺社宅住宅 ·市营浅草玉姬小区		·同润会 ·不良基地改造 ·1aw 双普顿小区	·住宅营田	·标准设计	·日本住宅公园 ·公寓 ·千里新城	·多层住宅 ·高层住宅 ·幕张 patty us ·NPS			·SI 住宅	
中小学校	·学制	·小开间 ·教育令	·讲堂设置 ·4×5 同定型教室		·统一教室规模 ·结构形式定型 ·禁止中廊式		·unidy（高木）		·社区学校概念 ·大规模学校增多	·开放学校			·打濑小学	
医院	·大医院 ·大学东校	·横滨共立医院				·近藤医院规划理论				·多翼型医院				
其他	·旅馆 ·新富町守田座	·东京图书馆 ·帝室博物馆		·帝国图书馆 ·开架思想 ·白木屋钢筋混凝土化 ·奈良旅馆 ·歌舞伎座		·浅草电气馆 ·松竹座 ·中岛会堂		·国会图书馆 ·市民图书馆		·国立屋内运动场 （代代木）			·后乐园塔	·仙台媒体平台 ·法国国立图书馆 ·京都车站

图1.7　隅田生涯学习中心：宽敞之家（长谷川逸子，1994年）　剖面

剖面图标注：天象仪、休息室、游艺室、接待室、大厅、日式房间、多功能厅、创作活动室、自行车存放处、排练室、广场、办公室、停车场、设备间

件规定，导致了建筑的定型化，例如：学校要根据学校建筑标准，美术馆要根据博物馆法制定的建筑标准进行设计等。对受制度制约的建筑进行改革，有必要重新审视建筑设计规划（项目），实现更加优秀的空间构成。在这些主张的倡导下，开始出现若干学校、医院等新建筑作品。

c. 设施管理创新

建筑设计规划历来依据建筑使用者提出的条件和要求实施，特别是以使用方便为基础，围绕利用者的使用体系，重视相关设计条件，把超前建筑设计和建筑技术条件同时考虑。但是由于没有确立建筑空间构成，自从开始进行日本现代建筑的建设及第一次世界大战结束以来，我们的日常生活和市民的意识始终在变化。而且很多问题与当时的社会制度密切相关,有必要重新审视公共设施的处理方式。在对待公共设施的问题上，包括建筑领域在内，需尝试与市民共同协作推动改革。在与市民共同协作或以市民主导的公共设施建设过程中，规划有关公共设施运营程序，设计规划的工作范围逐渐扩大到所谓的设施运营管理。这种共同作业方式，将成为今后设计规划的有效方法之一。

此外，这种共同作业方式不是简单迎合市民的要求。当人们对建筑成本与性能的关注度成为常态时，设备管理的重要性将会日益突出，同时逐渐成为建筑建设的大课题，将加快革新。

2. 建筑规划的基础

2.1 建筑与空间

建筑就是营造的空间。何为空间？所谓空间，起初的认知是在其内部不存在任何东西。随着时间的流逝，逐渐认为空间是物质界的存在的一个基本条件。而且空间具有任意方向无限扩展的可能性。这种无限扩展可以用立体几何学来表示。立体几何学有长方体几何学空间和后出现的球体几何学空间。与此相反，在物理学领域，认为时间和空间不可分割，把时间和空间当作一体，以四维空间形式处理空间和时间。建筑领域里的S·吉迪恩（sigfried giedion，1894～1968）也采取同样的方式，把建筑表现为"空间、时间、建筑"（"space, time and architecture"，1941，太田实译）。

有关空间概念的定义，在社会学、哲学、心理学的有关文献中也有很多记载。例如：亚里士多德（Aristotle）认为：空间是一种容器，容器是可以搬动的空间，而空间是不能搬动的容器的一种。而奥托·弗里德里奇·伯纳（Otto Friedrich Bollnow）则把空间（Raum）表示如下：

（1）空间就是其中的所有物体所具有的各自的存在和位置的总概括；

（2）空间就是人类自由活动所需的空闲之处；

（3）空间是人类移居场所，是从森林中开垦出来的空闲地。空间原本是某一空洞；

（4）从根本上讲，空间是一块封闭的空地，并不是无限的物体；

（5）空间不是抽象的无限性物体，是没有妨碍的、可进出的空地；

（6）空间是人类生活展开空间，其大小可以由主观性、相对性定义进行测量；

（7）空间就是物体与物体之间的间隔；

（8）空间是为了实现目的而进行的活动范围，可以通过整理和整顿来创造。[①]

阐述空间的文献还很多。爱德华·豪尔（Edward T Hall）所著《隐藏的维度》（御铃书房）一书，是其中的文献之一。他在书中对空间做了如下说明：所谓建筑或者城市空间，其实就是通过感光影像体验的一种文化类型。如果经过其他文化类型进行体验，则其结果截然不同。例如：美洲人和阿拉伯人各自生活在不同感觉的世界中，采取几乎完全不同的感觉。其原因是阿拉伯人与美洲人相比，更多使用嗅觉和触觉。因此文化的接受方式完全不同。美洲人与日本人的空间认知同样也如此。不过，爱德华·豪尔认为：无论何种人，在知觉空间时，都通过视觉空间、听觉空间、嗅觉空间、温度空间、触觉空间、固定空间、半固定空间、不定式空间等空间进行感知。他进一步说明：日本人的空间概念中，对"间"空间的感知意识很浓。西方人所接受的教育中，空间通常被认为是某种"空虚"。而日本人所接受的训练是：设法赋予空间某种意义或者设法感知空间的形态和布置。"间"正好可以表达日本人的空间概念。这个"间"也就是"间隔"，是日本人与所有空间体验有关的最基本的建筑划分。那么，日本人是如何理解和划分空间的呢？

建筑领域的最新观点也认为：建筑不是由地面、墙壁、顶棚、柱子等组成的简单构筑物，而是由这些材料组成的空间。现在"空间"一词比较流行。空间一词不仅适用于表示建筑内部空间，还使用在建筑外部空间、街区空间、城市空间等的表述上。把话题稍微展开，把建筑当作保障人类生活的安全性、舒适性、健康性、便利性的单一构筑物，也就是当作所谓的隐蔽场所时，空间只能理解为被该隐蔽场所所包围的一部分建筑空间。由于建筑具有景观作用，因此空间理应包括建筑周围。进一步拓展，空间理应理解为包括人类生活的所有场所。

对这些各式各样的空间的理解，只有文字才能表达清楚。在建筑领域实际使用的文字和词汇有：生活空间、内部空间、外部空间、目的空间、多目的空间、功能空间、无固定空间、自由空间、设备空间、缓冲空间、骨架空间、有机性空间、马路空间、城市空间、物理性空间等。使用这些文字和词汇，按理应当可以明确其定义，但是在进行具体说明时，不同的人有不同的理解，概念还是非常模糊的。

---

① 整理、整顿是日本人提倡的 5S 之两个因素。——译者注

例如，以内部空间和外部空间为例，把建筑物作为抵御风雨和其他灾害等危险的隐蔽场所时，隐蔽场所内侧是内部空间，隐蔽场所外侧是外部空间。对此谁也不会持有异议。但是套用到实际的建筑物时，却很难明确划分。例如：内庭院式建筑中的庭院被建筑物的内墙壁（包括玻璃墙）所包，很难明确说明该庭院是属于内部空间还是属于外部空间。当在庭院上方设置透明屋顶时，更难以说明它的空间性质。在这种场合，通常由设计者的思考方式来决定其空间性质，不管是否有柱子、屋顶、墙壁。另一方面，日本式思考方式是：脱鞋或者光脚使用的空间是内部空间，穿鞋利用的空间是外部空间。严格说来，这种划分方式也存在不能明确区分的部分。以下简单阐述外部空间和内部空间。

（1）外部空间形态：建筑物的外部空间的形态是怎样的呢？根据田村明的划分方法，首先建筑物外部空间包括用地以及用地内的建筑物。用地内的散水、平台、排水沟等，可以认为是建筑周边的残余空间。其次包括功能性和景观性外部空间。其中功能性外部空间是指外部道路到玄关的接近性，景观性外部空间是指外部空间中的植树、摆花坛等装饰性美观空间，重视大门至玄关的接近性和景观观赏度，统筹考虑外部空间的景观性和功能性。

外部空间还包括：向公众开放的开放性广场，考虑邻居、日照、通风、私密性等因素的生活保护空间，联排别墅中的共同使用庭院空间，作为公共

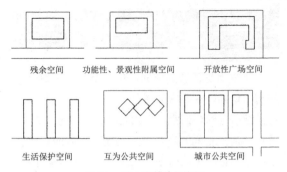

残余空间　　功能性、景观性附属空间　　开放性广场空间

生活保护空间　　互为公共空间　　城市公共空间

图2.1　城市里的外部空间

庭院的城市公共空间等。城市公共空间是在欧美等地常见的外部空间，一般不会视为私人庭院，路过此处的人们都能享受。

（2）外部空间的材料：在外部空间使用最多的材料是树木（高中低各种树木）、花坛、瓷器、石头、水、土、混凝土、砖瓦、木材加工品等材料。外部空间使用的材料是为人类生活提供更好的环境为目的，不仅具备景观功能，还要具备环境治理功能。以下是具备这些功能的若干具体材料的实例：

①以防风为目的的材料：防风林，石墙，混凝土墙等；

②以调节日照为目的的材料：落叶树等；

③以反辐射为目的的材料：草坪，水池，灌木林等；

④以防沙为目的的材料：草坪，木板块，透水性瓷砖等。

2.2　作为隐蔽所的建筑

构成建筑空间的隐蔽所是由屋顶、墙壁、地面、开口部、升降空间等基本要素组成。其中屋顶的作用是阻断风、雨、雪和漏空；墙壁的作用是阻断昆虫等生活在自然界的动物进入和抵御风雨及寒冷；地面的作用是防止昆虫等地下动物的侵入和室内潮湿；开口部的作用是方便人、家畜的进出和物品等的搬运；升降空间的作用是保证生活所需必要的内部空间。内部升降空间由楼面和支撑梁柱等组成。

隐蔽所的形式多种多样，有类似于理查德·富勒设计的屋顶、墙壁、柱子为一体的富勒穹顶式建筑物，有类似于游牧民居住的屋顶和墙壁为一体的

帐篷式建筑物，有全部由桁架组成的室内看不到柱子的拱形建筑物，更有甚者只有柱子和楼屋顶组成。这些是隐蔽所的特殊形式，一般的隐蔽所还是由柱子或者墙壁、地面、屋顶、横梁、出入口、窗户等组成。

隐蔽所最初的目的仅仅是阻断自然界的诸多现象。经过漫长的历史岁月，如今的隐蔽所早已具备安全性、舒适性、保健性、卫生性等许多功能。现在的建筑结构、材料、设备及施工、构造等技术很发达，不断满足人类生活需求的同时，空间构成要素也得到空前发展。

现在的建筑可以在屋顶下设置顶棚，可以在墙壁上设置采光口和通风口，可以采取抬高地面，在地面下设置通风口，采取防止地面潮湿的方法等。所有这些都是为了提高舒适性、保健性、卫生性等建筑空间功能。

提高空间性能的空间构成要素，还包括楼梯踏步的宽度和高度，坡道的倾斜角，在坡道、走廊、楼梯等处设置的扶手做法，开口部的开启方式和有效宽度，窗帘、窗台、遮阳尺寸和开启方式等。除此之外，提高内部空间品质的空间组成要素和方法还很多，以下主要针对开口部，站在使用者的立场，以生活所需功能要求出发进行阐述。

开口部

建筑物是包容人类生活的容器，是阻挡风雨等自然现象的隐蔽所。其开口部的作用是便于人类的进出和物品的搬运，获取一部分外部的声音、热、光。开口部的大小、形状、做法、材料、开启方式、意图等取决于开口部的用途和目的。开口部的大小、形状和做法之间存在相互关系，如决定了开口部的使用材料，则其做法和意图多少也已经确定。反之确定了开启方式，则材料就已经限定在某一范围。综上所述，开口部的制作取决于通往隐蔽所内部的用途，其目的可以划分为：以人和物体出入为主的出入口，以获取光、空气、热、视线、信息等为主的窗户，以获取空气为主的通风口等三种。

1）出入口

（1）出入口功能：出入口用于建筑物长期使用者、临时的访问客、居家饲养的宠物狗和宠物猫等的通过，用以搬运物品。出入口一方面实现以上功能，同时也要防止推销者、小偷、野狗、野猫等的进入。因此，采取必要的措施使出入口做到：对通

过因子容易开启，而对阻断因子不容易开启。[①]

（2）出入口的开启方式与选择：玄关等出入口的开启方式，通常选择平开门（单开门和双开门）和推拉门（单拉门和双拉门）。最近经常看到采用折叠式门和卷帘式门的室内门，多使用在高龄者居住的浴室和厕所门。

2）窗户

（1）窗的功能：在日本，窗户很早以前就使用汉字"间户"或者"窗"来表示。窗户主要是指以采光为目的在屋顶开口或者表示门的间隙。这个解释在《建筑基准法》第28条的开口部的规定中有明确表示，至今仍然适用。不过，现在实际使用的窗户，除了采光与通风以外，还被赋予许多其他功能。这得益于使用材料的不断改进和生活需求的不断变化。例如：具有透过功能的窗户，可以进行眺望、通风换气，可以作为紧急出口；具有遮挡功能的窗户，从外部透过窗户看不到室内，小偷不容易进入。此外还有很多功能需求，这些功能不是所有窗户必须具备的共性。不同类型的建筑物、窗户的不同位置和大小等所要求的窗户功能是不同的。

（2）窗户的开口方式：窗户的开口形式，根据使用用途可划分为开启式和固定式。固定式开口部又可以细分为封闭式和开放式。开放式开口部主要用于空气的流入和流出或者特定物品的进出，对使用方式做一些限制。封闭式开口部在最近的大厦建筑中可以经常看到。它具有安全性、可视性和光、声音、热等的透过性。与开启式开口部相比，封闭式开口部的用途受到一定的限制。

（3）窗户的开启方式：窗户的开启方式包括固定式、单平开型、推拉型、上下开启型、折叠型、纵向或者横向旋转型、卷帘型等多种开启方式，参见图2.2。

---

① 通过因子、阻断因子（或因素）是原作者发明的词组，意思是必须通过和不能通过。——译者注

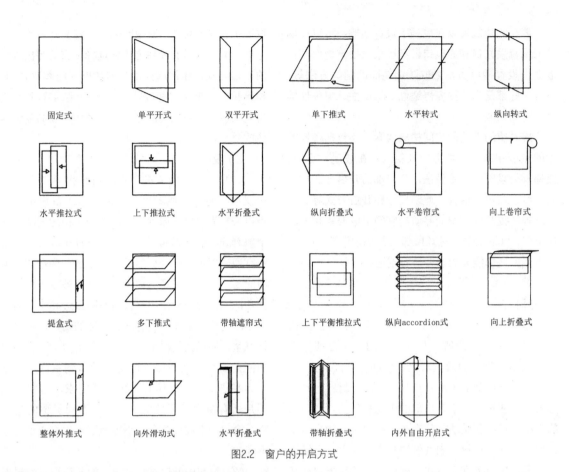

| 固定式 | 单平开式 | 双平开式 | 单下推式 | 水平转式 | 纵向转式 |

| 水平推拉式 | 上下推拉式 | 水平折叠式 | 纵向折叠式 | 水平卷帘式 | 向上卷帘式 |

| 提盒式 | 多下推式 | 带轴遮帘式 | 上下平衡推拉式 | 纵向accordion式 | 向上折叠式 |

| 整体外推式 | 向外滑动式 | 水平折叠式 | 带轴折叠式 | 内外自由开启式 |

图2.2　窗户的开启方式

2.3　各种建筑结构体系

把建筑设计体系化的吉武泰水说过："建筑物基本上是由结构体和空间组成"。用简单的平面图表示建筑物时，建筑物是由黑粗线表示的柱子和墙壁以及被黑粗线包围的白色区域组成。使用形象的语言表示为：黑粗线部分是结构体，被包围的白色区域就是空间。这里所讲的结构体，不仅指建筑躯干，还包括装修和各种构造所需结构构件。从制造空间的角度分析，可以认为建筑规划就是一门如何处置白色区域的技术。本节对黑色部分进行阐述，站在分析各种结构体系和类型的角度，阐述柱子和墙体等结构体。

生活在建筑物里的人们，都会接触柱子、地面、墙壁、顶棚等建筑物的组成材料。规划建筑空间，布置地面、墙壁、顶棚等时，不要忘记支撑建筑空间的结构部分的重要作用。其中结构体系是决定建筑形状的重要因素之一。

杆系结构、混凝土结构、混合结构等建筑物结构，都是结构体系的一种。例如：对具有平面对称、放射状建筑物，均匀布置结构构件时，结构体系相对简单。此时可以系统的处理传力路径、材料选择和施工方法。对局部突出的斜坡屋顶，在对应水平面上设置支撑点，依此划分简单的人字形结构和复杂的结构部分。结构规划取决于其平面布置。根据结构规划反复调整平面规划的原因就在此。

结构形式对空间的影响很大，导致空间形成各种特色，尤其对空间大小和开口部的规划带来很大影响。

a.木结构建筑

木结构构件分立杆和小型屋盖部分。立杆组成墙体构件，分日式的间壁式杆件和西式的厚壁式杆件。间壁式的柱面凸出墙面，厚壁式的柱面与墙面对齐，所以杆件的组成方式有所不同。小型屋盖部分即屋顶结构，同样分为日式和西式。日式屋盖采取横梁上立小柱，小柱支撑檩条，檩条支撑屋面的结构形式。而西式屋盖则采取桁架形式，各个构件之间形成相互受力的结构状态（图2.3）。立杆的设计施工需要注意以下问题：

①杆件底部与混凝土基础相连接，容易产生腐蚀，应尽量采用防腐木材。也可以采用比杆件粗大的材料。

②杆件底部与基础的连接采用锚栓，缝隙处应坐浆予以加强。

③立柱的布置尽量保持其受力均匀。对2层建筑物，主要结构部位的柱子应直通到顶。

④此外木结构杆系构件对柱子的截面尺寸、柱子的连接切口、连接梁的金属件、加强材料（拉筋、方位固定、坐浆材料、辅助柱子、支柱等）都有相应要求。

b. 钢筋混凝土结构建筑（RC 结构）

钢筋混凝土结构是由混凝土中固定钢筋构成。其工作原理是利用钢筋的抗拉力高、抗压力低，以及混凝土的抗拉力低、抗压力高的特点，力求弥补

材料	构件	组合方式		连接
木结构	锯材	柱网： 柱+梁+斜撑支架 屋架： 连续梁+支柱	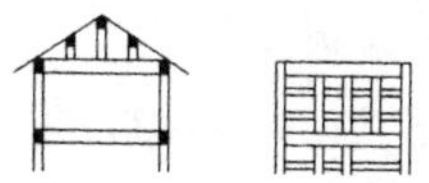	·封口·榫接（不使用铁件） ·铆钉连接
		柱网： 柱+梁+支撑 屋架： 桁架	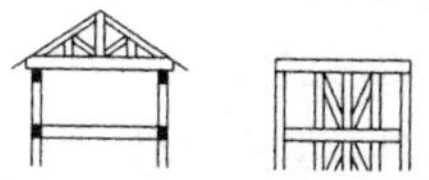	·使用铆钉和铁件连接 ·铆钉连接
RC	钢筋混凝土结构	梁柱整体式结构	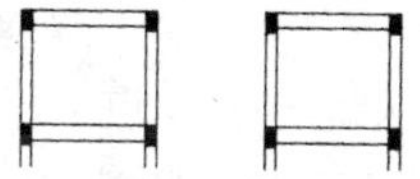	·现浇 ·框架结构
		墙体、楼板构造		·现浇 ·框架结构
S	轻钢结构	骨架+斜撑	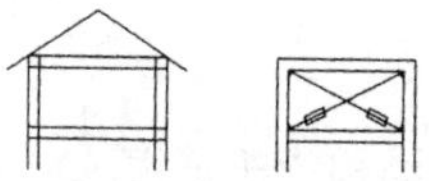	·螺栓连接 ·铆钉连接
	普通钢结构	桁架	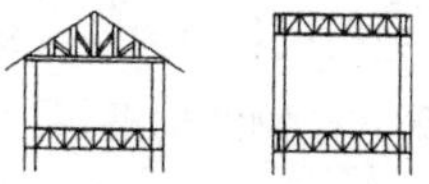	·螺栓连接 ·铆钉连接
		梁柱整体式结构	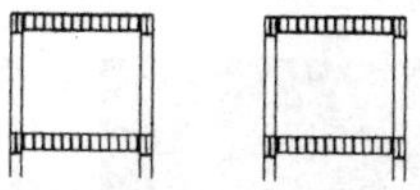	·框架结构
	重型钢结构	梁柱整体式结构	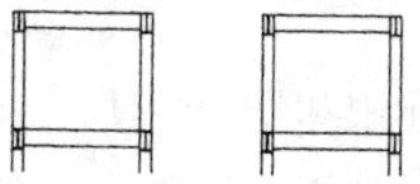	·框架结构
SRC	普通钢结构 （复合材+ RC）	梁柱整体式结构	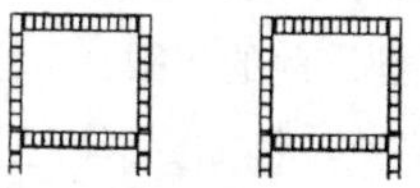	·螺栓连接 ·框架结构
砌块	砌块	砌筑	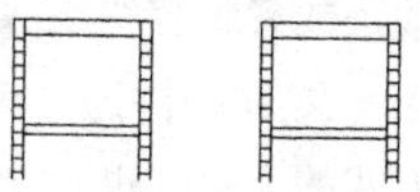	·砂浆连接

图2.3 结构种类（井口洋佑，1975年）

材料各自的弱点，发挥材料各自的优点，从而大幅度提高结构的承载能力。钢筋混凝土的结构有以下几种类型：

（1）框架结构：框架结构是指主要由柱子和梁组成的结构形式。施工中，通常采取柱子、梁、楼地面、墙体混凝土同时浇筑的施工方式。与木框架结构类似，可以自由布置柱子、墙体和地面，形成多种空间。框架结构是钢筋混凝土结构中常用的结构形式。

（2）板柱结构：是指主要由柱子和楼板组成的结构形式。这种结构没有梁，完全由钢筋混凝土楼板承受荷载。由于没有梁，可以有效利用房间净高，工厂、仓库等建筑多采用这种结构形式。

（3）剪力墙结构：这种结构由剪力墙和楼板组成。其特点是没有柱子和梁，可以提高内部空间的使用率。多层住宅多采用这种结构形式，高层建筑一般不采用。这只是日本的做法，在中国150m以内的高层住宅基本都采用剪力墙结构。此外，剪力墙结构的定义也有问题，剪力墙结构是由剪力墙、梁、楼板组成的。

（4）薄壳结构：薄壳是指贝壳，薄壳结构是指曲面形状的结构形式。曲面板承受压力和弯曲的能力高，要求较大内部空间的建筑可以采取这种结构形式。

c. 钢结构（S结构）

钢结构是以钢材作为主要承重结构的建筑物，有仅使用钢材建造的，有在钢结构外包防火材料的，还有钢构件外包钢筋混凝土等结构形式。钢结构根据材料种类，分为轻钢结构、普通钢结构、重型钢结构。轻钢结构的主材厚度通常小于4mm，多使用在住宅等小型建筑物。简易厂房、库房、临时建筑物也采用轻钢结构。

轻钢结构有以下优点：

①结构重量轻，基础工程相对简单；

②屋顶形状选择比较自由，可以是人字形、毗邻形、平坦形等；

③构件的运输、加工、组装比较容易；

④比较容易满足建筑设计的意图。

轻钢结构的缺点是：①材料薄，易发生屈曲，平面外承载力低；②抗腐蚀要求高，必须做好防锈涂装。

相对轻钢结构，普通钢结构、重型钢结构的优点是：

①基本采用型钢，其抗拉力和抗压力的能力很高，可以形成很大的内部空间；

②钢材材质均匀，容易加工；

③与钢筋混凝土结构相比，重量轻，适合建造高层建筑。

普通钢结构、重型钢结构的缺点是：①在高温环境下，强度急速下降，必须做好防火；②容易生锈，务必做好防锈涂装。

此外，根据材料种类，钢结构还有幕墙结构、管桁架结构、膜结构等形式。

以上对建筑物的结构和结构形式作了简单阐述。不同的结构和结构形式对建筑空间的影响很大，建筑空间设计与结构规划密不可分，必须了解两者之间的关系。

2.4 建筑物的寿命

建筑物的寿命包括功能性使用年限和结构性使用年限。功能性使用年限是指使用条件不满足要求而对现有建筑物的改建、扩建或者重建之前的年限，也可以作为表示建筑物寿命的方式之一。例如：医院理疗系统的变化或者医疗设备的改进或者收容空间的扩大，都要求建筑物与之相适应。又如：中小学校管理方式的改变或者住宅居住方式的变化，也要求建筑物作相应的变化。

而结构性使用年限是指，住宅、学校、大楼等的局部或者全部出现结构性缺陷而不得已进行加固、改造和重建的状态之前的年限。

结构性使用年限一般取决于建筑物所使用的主要结构材料和结构形式。近年来，设法延长结构性使用年限的研究卓有成效。提高结构材料的质量，提高施工精度，提高建筑物抗震性能，研究建筑物隔震、减震性能，防雨水方法等研究成果陆续得到实际应用，建筑物的寿命也逐年得到延长。

延长建筑物的寿命，努力提高结构材料的质量和施工精度固然重要，但建筑物的日常维护也很重要。例如：钢筋混凝土结构建筑屋顶的防水处理不当造成漏水或者建筑物墙面出现裂缝引发雨水渗透时，结构主筋会发生锈蚀，导致建筑物使用年限的缩短。钢结构的建筑，在主要结构材料的表面防护材料受损并放任不管时，也会发生主材生锈降低结构强度，从而导致建筑物使用年限缩短。

所以，发现裂缝或者表面损伤，应及时进行维护，以利于使用年限的延长。即便是规划之初测算建筑物的使用年限并且精心设计和施工，如果对建筑物的维护没有及时跟进，其结果同样是使用年限的缩短。因此，为了较长时间使用建筑物，应重视有关建筑物维护问题的研究。

a. 功能性使用年限

如前所述，图书馆服务功能的改变，医院医疗设施的改进，住宅居住的家族成分的变化和设备的改良，中小学管理模式的变化等，都会使功能性使用年限发生很大变化。建筑物的内分隔墙采用可拆分式墙体，所使用的材料具有可替换性，都是应对上述各种变化的有效措施。不过也有一些建筑物并不是单纯地要求延长使用年限，而是要求可拆解，以便应对日后的种种改变所需。

例如，最近的工业建筑设计和施工，要求事先测算建筑物的解体时间。这种情况尤其在快速变化的 IC 关联产业很常见，其理由是所使用的机械设备的变化非常剧烈，如果不及时改变原有设备，工作效率会急速下降。因此这些工厂有替换设备的需要，但是工厂一刻也不能停产，否则对产品制造影响很大。通常的做法是，新建工厂新设备投入使用以后再拆解原有旧工厂。这些工厂建筑的使用年限很大程度上取决于机械设备可能的使用年限，建筑设计必须综合考虑可拆解问题。

b. 结构性使用年限

结构性使用年限取决于建筑物主要结构材料的使用年限。通常使用年限越长越好，不过任何建筑物都有使用年限。有资料显示，日本的建筑物结构使用年限比欧美要短。例如，日本规定把建筑物残存率的一半年限作为建筑物的寿命。据此，钢筋混凝土结构办公楼建筑的使用年限约为 38 年，钢结构建筑约为 29 年，木结构住宅约为 40 年。而美国的住宅（包括高层住宅）使用年限约为 100 年。

拆除建筑物和新建建筑物都会导致二氧化碳排放增加，日本的建筑物结构使用年限短，对地球变暖的影响是显而易见的。

作为对策，社团法人日本建筑学会提出延长建筑寿命的议案，提出要将今后的所有新建建筑物的二氧化碳排放量减少 30% 作为行动目标。如果坚持 10 年实现该目标，全日本的二氧化碳排放量可减少 5%。

c. CHS 住宅（新世纪住宅系统）

为了尽可能延长住宅的使用年限（结构性使用年限 + 功能性使用年限），以 1980 年（昭和 55 年）以后的研究成果为基础，日本建设省提出了新世纪住宅系统（century housing system，简称 CHS 住宅）。所谓 CHS 住宅，是指提高住宅耐久性的设计方法，可以自由改变房间内分隔，在开发可变技术的同时提出调整尺寸的规则，局部可以采用预制组装。在独立式普通住宅中，考虑结构使用年限时一并考虑设备机器的可替换性。现在新建的很多独立式和集合式住宅，都采取这种设计方法。

d. S·I 建筑（内装自选式住宅）

近年来，公寓等高层建筑中，S·I（Skelton·Infill）建筑是很受欢迎的建筑方法之一。S·I 建筑中的 S 原意是指建筑物的骨架或躯干，在这里泛指建筑物的柱子、梁、剪力墙、混凝土楼板以及公共区域的给水排水、燃气、信息设施以及电梯、楼梯、楼道等。

S·I 建筑中的 I 泛指各住户专用的给水、排水、燃气、电器、传媒和卫生间、厕所、厨房，还包括窗户、玄关门、非承重墙等。把房屋分成 S 和 I 两部分，其中的 S 部分无法满足每一个人的要求，但是 I 部分完全可以按照个人的要求实现，具体满足个人需求，包括入住前的房间分割、门窗设置、收储空间布置，适应家族成员的变化或者老年人无障碍设计改造等。

电气、燃气、给水排水卫生设备可以自选，这些设施的寿命相对较短,力求做到可以简单替换。而 S 部分不需要替换,尽量做到长久使用。在美国,利用 S·I 建筑方法建造的高层建筑,其寿命可以达到 100 年以上。相比之下,日本的建筑寿命只有 29 年。S·I 建筑方法可以认为是日本追赶美国建筑使用年限的建筑方法之一,必将得到发展壮大。

由于家族成员的变化、改变房间使用等原因,多数住家都希望对居住现状进行改造。S·I 建筑方法对入住之前的房间布局,允许一定程度的自由选择,对电气、给水排水卫生设施也可以自由选择,同时允许内部改造,允许进行无障碍设计改造。S·I 建筑方法可以满足家族成员的变化、生活方式的改变所需,无须担心给水排水卫生设备的老化所带来的烦恼。

e. 有关促进住宅质量等的法律

本法律并没有局限于对建筑寿命的限定。只是在内容上对建筑寿命有一些明确表述。例如:住宅开发业者对建造的建筑物必须进行最低为期 10 年的无条件缺陷补偿,无瑕疵担保责任有效期可以延长至 20 年。本法律的具体内容简单叙述如下:

· 与结构安全有关的住宅性能表述

①抗震等级(防止结构倒塌);②抗震等级(防止结构损坏);③抗风等级(防止结构倒塌和损坏);④抗积雪等级(防止结构倒塌和损坏);⑤地基或者桩基容许承载力等级及其确定方法;⑥基础的结构形式以及构造等。

· 与火灾安全有关的住宅性能表述

①烟感设置等级;②紧急避难对策;③逃生对策;④耐火等级。

· 与减轻老化有关的住宅性能表述(抗老化对策等级)

· 与维护管理有关的性能表述

①维护管理对策等级(专用配管);②维护管理对策等级(共用配管)。

· 与温热环境有关的性能表述

①节能等级。

· 与空气环境有关的性能表述

①甲醛对策等级(层压板、纤维板、合板、复合地板);②完全换气对策;③局部换气对策。

· 与采光、视觉环境有关的性能表述

①单纯开口率;②采光有效开口率。

· 与声音环境有关的性能表述

①重型楼地面冲击声音对策;②轻型楼地面冲击声音对策;③隔音等级(界墙);④隔声等级(外墙开口部)

2.5 空间要素的控制

a. 空间与控制

建筑的实质就是制作空间。该空间必须与剧烈变化的自然界诸多现象相对分离,可以进行相对安心的生活行为。人类尚不能建造人工环境,安心的空间也只不过是防止家族成员以外的人和动物的出入,为获取室内亮度而设置窗户,为满足不同需求把地面做成素土、炕席、粘贴地板。且多数空间建设仅限于满足日常生活需要。随着结构技术的进步和发展,可以建设更大空间,把大空间分割成若干个空间使用。

自从人类可以分割使用空间开始,人们尝试着建设连接所有分割空间的新的空间。为了便于识别,把前者称为活动空间,把后者称为流通空间。

b. 活动空间与流通空间

当今的建筑领域,把进行若干行为的场所称为活动空间(A 空间,通常指房间),把主要用于移动的空间称为流通空间(C 空间,一般指通道)。如今建造的多数建筑物,无论其种类,都是由活动空间和流通空间组合而成。

在建筑领域,认为把类似的活动空间放在一起更为有利时,只要有可能,就尽量把类似行为的活动空间整合在一起。例如:医院整合为病房楼部分和门诊楼部分,学校整合为管理行政楼部分和教学楼部分等。把这种领域整合称为组块(B 空间,也有称为区域),建筑师在建筑设计的基本规划阶段,很多就是从组块的平面布置开始。

但是，对所有建筑使用的活动空间和流通空间的组合进行说明时，由于每个国家的历史、文化、生活习惯不同，存在空间的使用方式截然不同的情况。这种差异多表现在建筑物所采用材料的使用方法，也表现在设计师的不同思维方式。

例如，从历史的观点看，以往的日本住宅，其活动空间和流通空间多数连为一体，很难明确划分。农家的田边一侧，有一块连接活动空间的空地，乍一看是流通空间，其实该空地不是流通空间（单一移动空间），而基本上是一处地面铺装不同的活动空间的一部分。

不过，明治以后建造的大多数建筑，包括学校建筑在内都明确划分活动空间和流通空间。最近观察学校建筑时发现，有些实行开放性教育的小学，其活动空间和流通空间很难划分，而有的学校将作为流通空间的走廊兼做多功能公共领域使用。

c. 流通空间

在建筑平面规划，把流通空间称为动线。布置动线的作业称为动线规划。此时的动线当然是指从出入口到活动空间或者活动空间之间的相互连接。动线规划是建筑规划的重要组成部分。动线统称为通道，根据其使用类别，可划分为仅用于搬运物品的通道、人与搬运物品共用通道等。根据建筑物种类，使用的人群中也有包括幼儿和老年人的场合。

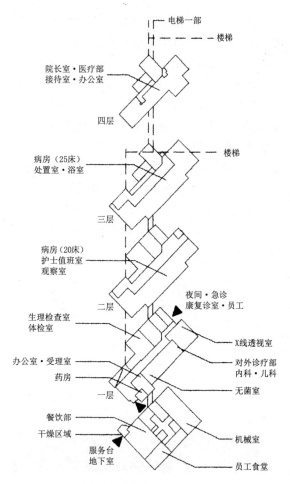

图2.4 医院各部分组成（八千代台中央医院）
（日本建筑学会. 建筑设计资料集：建筑与生活 [M]. 丸善，1979）

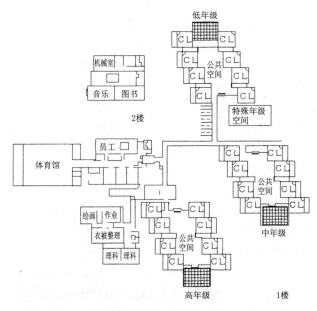

图2.5 连建筑研究室：西小学校（熊本县人吉市）

流通空间一定连接出入口（包括紧急出口）。根据建筑物种类，出入口进一步划分为主出入口、次出入口、服务性出入口等。

作为动线的基本条件，动线规划应该使利用者尽快到达步行或者搬运目的地。为此，动线规划要做到以下几点：①动线要短；②动线尽量笔直；③要具有诱导性（具备诱导性，标记规划也很重要）；④建筑物整体动线要具备一定的秩序和序列；⑤动线要具有相对独立性；⑥动线要具有合理性，这一点一定要切记；⑦在日常生活中，动线要具有个性和生活性；⑧动线要具备日常生活中的安全性和灾害发生时的防灾性。

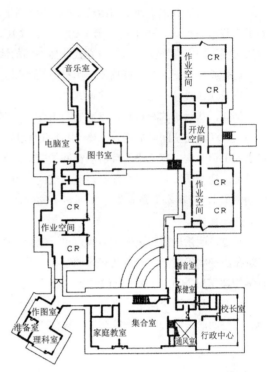

图2.6　（株）清水公男研究所：盘梯町立盘梯第二小学校（福岛县）

2.6　建筑的内部空间

建筑内部空间由地面、柱子、墙壁、顶棚、开口部组成。由于人类的生活行为的不同，内部空间会发生各种变化。

a. 安定的空间

宽大的空间安定性较差，人很少在宽大的空间中央行走。如果在空间中央立有一个柱子，大家会聚集此处。人群乐于聚集在大树底下就是很好的佐证，站前等待集合的人群也常常聚集在柱子周围。

如果立有两个柱子，柱子之间会产生视线遮挡，此处具有界限的性质。神社的牌楼、大门就是很好的例子，此处会产生内外关系，内侧更为安定。

如果柱子排成一列，则构成墙壁。人背对着墙体时，由于克服了看不到身后的弱点，会安定起来。如果藏在墙体背后，则更加感到安定。此处产生前后的关系。

当两块墙体形成角时，角落处将非常安定。如果三块墙体围成一个空间，则更加安定。壁龛、墙体内凹处是其代表。四块墙体围起来，则变成房间。可以说房间是人最为安定的空间（参照图2.7）。

另一方面，观察室内情形时，其中央区域是不安定区，成为活动区域，四角和墙边属于安定区域。在房间角落制作壁龛，相当于在安定空间叠加另外安定空间，其安定性倍增。相反地，在原本安定的角落设置窗户时，室内的安定性将受损。重视开阔视野而采取四周通透玻璃的茶店是很好的例子。进入店里的客人通常都是喝完一杯咖啡就转身离开。由于顾客的周转率较高，店主乐于此道，纷纷效仿（参照图2.8）。

b. 地盘、居住分离、活动圈

人们把安定的空间当作自己生活的固有领地，形成一个不允许他人入侵的地盘。同类动物之间的竞争经常发生在筑巢期和就寝时。住宅是家族的地盘，寝室也已个性化成为个人的地盘。在医院的大病房，也能体会到病床周围是患者的地盘，地盘

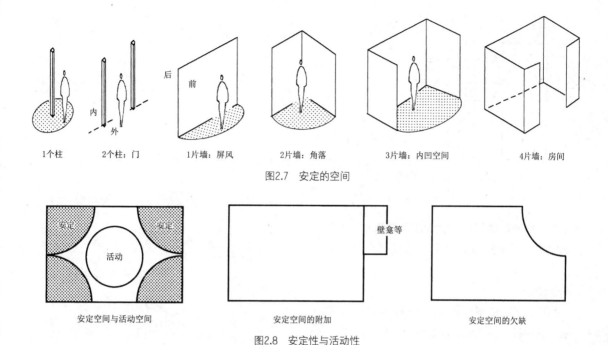

1个柱　　　　2个柱：门　　　　1片墙：屏风　　　　2片墙：角落　　　　3片墙：内凹空间　　　　4片墙：房间

图2.7　安定的空间

安定空间与活动空间　　　　安定空间的附加　　　　安定空间的欠缺

图2.8　安定性与活动性

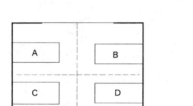

A，B＞C，D

图2.9　地盘与秩序排序

内进入他人的物品，就会受到排斥。这就是"就寝分离理论"的依据。

当两个以上生活体利用空间和时间差使用同一个生活场所，一方即便离开，另一方也不会占据时，被称作"居住分离"。该空间主要由无机的环境支配。江河中的各种生物生活在不同深处，就是很好的例子。在住宅内部，餐桌和厨具整洁安放的餐厅或者厨房，绝不会当作寝室使用。这就是"寝食分离理论"的依据。

活动圈是动物的一个觅食和求偶的非常广阔的范围，是一个容许它体活动圈重合的领域。界限是由活动能力决定。住宅内部包含起居室、餐厅、厨房等区域，不仅可供家族使用，有时还招待客人。这些区域未必有分离的必要，也可以敞开，取消隔断。

c. 空间的序列排序

两个以上的生活体是通过相互竞争确定顺序。鸡棚中会形成小鸡的觅食顺序。空间有优劣时，强势的生活体占据优越的空间，而且先占据优越空间的生活体很少被更强势的后来生活体所驱赶。这就是所谓的"先来效果或者先住效果"。此外，优越的空间是从前述的安定空间中挑选。对高等动物来说，会选择适合活动的空间。例如：电车的座位中，离出入口最远处的位置理应是最优越的位置，但对于下一站下车的人来说，离出入口就近位置更优越。

d. 被分割的空间序列排序

建筑空间是根据社会性、心理性功能，进行分割和排序的。建筑空间一般被分割成4个部分，第1部分空间是公共空间，包括道路、居住附近、玄关前部等空间，是任何人都可以利用的空间。第2部分空间是半公共空间，包括玄关大厅等空间，在该空间可否进一步深入内部需要事先判断。第3部分空间是半私人空间，包括走廊、电梯等建筑物内循环路和小憩角落。第4部分空间是私人空间，包括寝室、个人专用室、厕所等空间。如果这些空间没有明确排序，就会造成混乱，安全性和安定性就会受到影响。室内单独设置的厕所或者金库等空间，

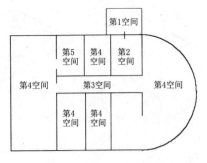

图2.10　被分割的空间排序

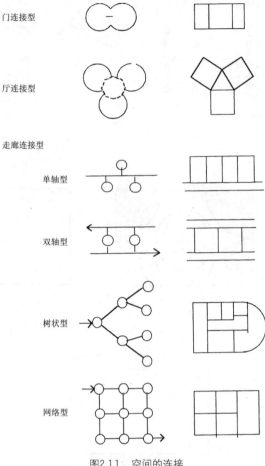

图2.11　空间的连接

属于特殊空间，是秘密性较高的第5空间。供奉神仙的空间属于被多层墙体包围的未定义空间。

e. 分割方法

利用柱子、墙壁、地面、顶棚、家具进行房间分割。其中柱子、墙壁、家具所具有的性质和含义前面已经讲过，这里不再重复。地面分割主要利用地面高差和材料变化进行，如：素土地面、地板、炕席、上层等赋予各种房间（空间）的活动（功能）变化。不过，对老年人和轮椅使用者，不宜采用地面高差做法，应利用材料的变化表示不同空间的不同含义。采用不同高度的顶棚和材料变化，也能获得类似的效果。

f. 连接方法

房间与房间之间的连接，主要依靠门、厅、走廊以及组合空间来完成。

门型连接只能使用门。所以，在日式房间的前室、主室、室外侧等之间，利用屏风、拉门等进行连接。

门厅型连接，是在门厅周围设置若干房间。中央门厅型住宅，门厅实际就是起居室，周围连接若干寝室。有的住宅直接把门厅作为通风空间连接上下层房间。

走廊型连接，是利用走廊连接各个房间，是最常见的连接方式。走廊型连接形式多样，有单面型、中间型、复数型等形式。例如：酒店的楼梯采用树状型，走廊在前台分支，便于住店客人路过前台时进行核查。网格状走廊（网络型）为到达房间提供多路径。田字型民居，既可以经过素土操作间和地板间到达座位，也可以从庭院经过田园一侧走到座位。

把走廊和门厅进行组合，可以形成更多种类型连接方式。

2.7　内部空间的形态

随着技术进步，内部空间形态越来越自由。但是，根据使用人的要求，受到一定限制。在这里阐述形态所具有的纯粹含义。

a. 基本型

垂直的墙壁和水平的地面是基本原型。

地面倾斜时，人和物体都会向地势低的方向倾斜。如果有高差，容易绊脚，成为轮椅使用者的障碍。

如果墙面的垂直高度低于人的身高，人不能在站立状态下转身，有时会碰头。此外在摆放物品时会经常遇到麻烦。墙面之间的夹角呈直角时，容易制作也便于使用。内收式屋顶或者帐篷等临时设施中，也能见到倾斜的墙体。

相比之下，顶棚的自由度比较高，水平设置顶棚是最常见的。因此，长方体及其组合是内部空间的基本形式。

从平面上看，也有采用圆形或者多边形等形状，这些形状仅限于使用在特殊意义的场合，一般情况尽量避免采用。

圆形和多边形具有向心性和离心性，规划时需要明确如何使用中心部分和周围区域。在八角形殿堂，中央供奉佛像，人们在周围一边巡回一边做礼拜。不过，佛像具有正面方向性，未必一定要在周边巡回。还有圆形开架式图书阅览室，一般在中央设置借图书服务台，书架呈放射性布置。当藏书量增加时，会遇到困难。

足球等运动场有 2 处球门，因此以球门为圆心，采取椭圆形球场。剧场、音乐厅等地方，考虑声音的传播和观众的视角，把礼堂做成扇形。这些自然有它合理的一面。

在长方形中，如何确定长边和短边的长度是问题的焦点。

日式房间多以 1：2 炕席为基准，可以简单明确的确定其长宽比，如 1：1、2：3、3：4、4：5、5：6 等相对容易确定。西式房间虽然没有规定标准，从美观角度很早就采用接近黄金比例（1：1.618）。总之，长宽比超过 1：3 时，显得过于狭长，与其说是房间，有可能变成走廊。

此外，长方形的短边面向朝南还是长边面向朝南，也是需要解决的问题之一。从采光和通风条件看，长边面向朝南更为有利。

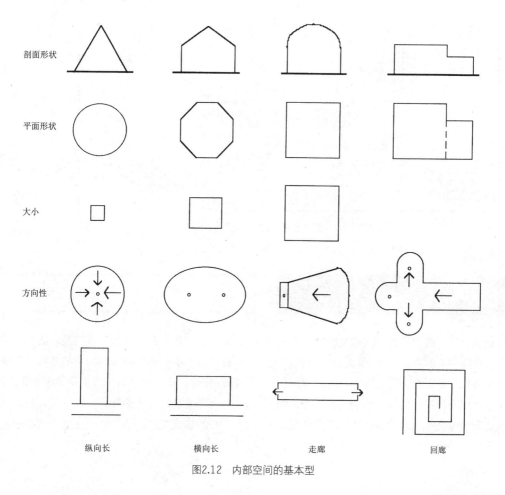

剖面形状

平面形状

大小

方向性

纵向长　　　　　　横向长　　　　　　走廊　　　　　　回廊

图2.12　内部空间的基本型

内部空间的大小取决于所容纳的人数和物品数量。通常确定空间大小时，都留有一定的余量（参照2.8节）。

b. 功能性形态与合理性形态

在确定物体的形态时，常被要求考虑功能性和合理性。偏重于功能还是偏重于合理性，所得到的形态会不同。图2.13列出了与衣食住相关的事情。

所谓功能是指物体活动时要求物体具备较高的性能。所谓合理就是合乎道理，通常要求经济性，省去无关的事项。

欧洲人做的事情大多在功能性态度下完成。观察西服，裁衣完全符合每个人的身体，与人体形状相当类似。工作时要穿牛仔裤，休闲的时候要穿便服等，追求有目的性的功能。不过，一旦裁衣有误，会造成很大浪费。

与之相反，东方和日本大多以合理性态度解决事情。和服的尺寸要求大致合适，很多人都可以穿戴同样尺寸的和服。酒店的浴衣尺寸统一，不分男女都穿，可以作为正装，也可以当作睡衣。衣料在制作时几乎没有浪费。不过，穿戴需要接受特殊训练，系背带尤其麻烦。长袖和服如果没有行家帮忙穿戴，会很难看。

观察食器也会有同样的感觉。西方的晚餐，餐桌上备有很多刀叉，吃鱼和吃肉选择专用的刀叉。反观日食，只备有茶碗和筷子，喝汤就用茶碗，连柔软的豆腐也不用汤勺，使用筷子夹着吃。喜欢吃日式火锅的西方人看到这些都很吃惊。

居住方面也一样，读者可以一边参照图2.13，一边自行思考。总之，功能性和合理性各自具有优缺点，有必要思考功能性、合理性的问题。

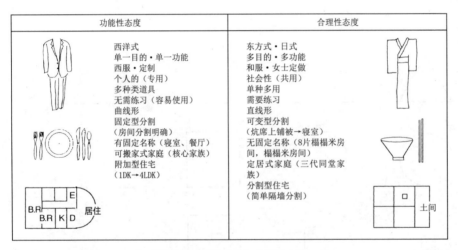

功能性态度	合理性态度
西洋式 单一目的·单一功能 西服·定制 个人的（专用） 多种类道具 无需练习（容易使用） 曲线形 固定型分割 （房间分割明确） 有固定名称（寝室、餐厅） 可搬家式家庭（核心家族） 附加型住宅 （1DK→4LDK）	东方式·日式 多目的·多功能 和服·女士定做 社会性（共用） 单种多用 需要练习 直线形 可变型分割 （炕席上铺被→寝室） 无固定名称（8片榻榻米房间，榻榻米房间） 定居式家庭（三代同堂家族） 分割型住宅 （简单隔墙分割）

图2.13　功能性态度与合理性态度

2.8　内部空间的尺寸与大小

确定建筑尺寸，必须同时照顾建筑的使用方和建造方。站在使用方的立场上看，最关心的问题是，建筑的各部分尺寸是否在使用上方便。确定建筑尺寸时，除了考虑身体尺寸的基本影响因素以外，还要考虑生活所需家具和机器设备尺寸，还要考虑采暖空调、换气、采光、照明、音响、噪声等生活环境条件。

从施工者角度看，最为关心的是，制作简单和符合材料的性质和构件做法。如今的建筑，工业化程度较高，材料和制成品的生产实现了工业化生产，规格化也影响建筑尺寸的确定。在这里，先谈谈使用方关心的建筑尺寸，然后介绍建设方关心的建筑尺寸。

a. 使用方关心的尺寸

建筑的使用方，从婴儿到老年人各式各样，各自的身体尺寸也不相同，既有大人，也有小孩。从统计学的角度，接近平均值的人群数量最多，离平均值越远，其人群数量越少，呈正态分布曲线。以前的做法是，取平均值作为确定人体尺寸的基数。这样给偏离平均值的人群带来麻烦。经过不断反省，近年来提出了通用设计概念。旨在使老年人和身体障碍者也能安全、快速、方便的使用。随着生活经验的不断积累，发现使用不方便或者不能使用的部分，应该积极消除。无障碍设计的思考方式也出自这种思维模式，并不断得到完善和发展。

建筑是三维空间，需由长度、宽度和高度来决定其尺寸。长度和宽度决定建筑平面。由于人类在平面上自由活动，确定平面相关尺寸时，与人体尺寸相比，人的行动性质更起到决定作用。由于高度方向人的活动很少，确定建筑高度时，与人的身体尺寸有很大关系。下面，首先叙述与高度相关的尺寸。

1）与高度相关尺寸

（1）顶棚高度：顶棚的高度确定，不仅与身体尺寸有关，还与很多因素有关系。其高度至少高出人体身高,建筑基准法的规定是:要求 2100mm 以上。低矮的顶棚感到压抑，高顶棚有开放感。通常 6 块榻榻米板大小房间的顶棚高度应达到 2400mm 以上，保证人举手够不到的程度。起居室、办公室等较大房间，使用人数多，空气容易受到污染，加上考虑声音的回声，顶棚高度最好达到 2700mm 以上。建筑基准法规定：学校教室（50m² 以上）的顶棚高度应大于 3m。这是考虑教室内的人群密度高，需要充分采光。大量顾客来回走动的百货店等大型购物店，为了便于布置商品和抬高商品的华丽度，将顶棚的高度设定在 5m 左右。车站中央大厅等人群排队经过的地方，顶棚的高度最好是 10m 左右。剧场和报告厅音响要求高，体育馆等大型运动场受竞技项目种类影响较大，通常都需要 8m 左右的顶棚高度。东京圆顶球场的高度达到 56m，尽管非常高，还是有一次被棒球打到，被判为本垒打的案例。科隆大教堂的顶棚高度达到 100m，是目前最高的建筑顶棚。达到如此高的顶棚高度，除了吃惊同时深深感觉基督教的雄伟和自身的渺小，更加依赖和相

信宗教。相比之下，日本是建筑顶棚最低的国家之一。待庵是一代名人利休和秀吉曾经品茶的地方，其顶棚高度只有站立时可碰头的 1800mm。据说人在此处，可以静心，感觉自己已经长大，思维得到扩展。非正常大小的空间给人类心理带来很大影响。

（2）拉门净距与出入口高度：拉门净高是与身体接触与否（日常接触或非常不接触）的分界线。日式房间需要引用该尺寸，西式房间几乎不使用。拉门净高与出入口净高、橱柜高度通用，以前的高度是 1730～1760mm，由于身高不断长高，最近通用的高度是 1800～2100mm。拉门上部空间通常设置吊柜，收藏不经常使用的物品。家里有老年人和身体障碍者时，不应做吊柜。因为随意利用脚蹬儿，很容易引起跌落事故。以前的居家，在该空间供奉神仙或者放置应急灯笼，这倒合乎情理。

（3）可视高度：确定可视高度，要综合考虑人站立、坐在椅子、盘腿坐在炕上等情况。人站立看镜子或者门观察孔的高度，人的视线最好与标的物的中心线一致。如果设定高度过高，个子高的人弯着腰还能看到，而个子矮的人却看不到。因此，人站立时的可视高度通常迎合个子矮的人确定，一般取 1400mm。

需要考虑轮椅等坐在椅子的场合，可视高度应降低约 400mm 为宜。轮椅使用者使用的厕所或电梯，通常都设置镜子，此时由于站立的人也能看到，竖条形镜子是最好的选择。日式房间挂的镜子，兼顾坐立两种情况，更应选用竖条形镜子。

此外，可视高度与观察窗外也有关系。此时也要综合考虑人站立、坐在椅子、盘腿坐在炕上等情况。

（4）眼睛和手联动时的高度：按动开关或拉门把手等时，需要眼睛和手联动。联动比较容易的位置是，眼睛与手臂之间的中间高度，通常为 1100～1300mm。在这个高度，坐在轮椅上的人也能操作。电梯间的操作按钮高度通常位于较高的位置，考虑轮椅使用者操作，应另行处理。

（5）支撑身体的高度（扶手、防坠落护栏等）：走廊、楼梯的扶手，是为行走不便的人设置，其高度应为容易抓住且身体重量便于依靠的位置。一般为 850mm，对老年人和孩子可取 650mm。车站等公共建筑，应设置 2 层扶手。阳台扶手的作用是，支

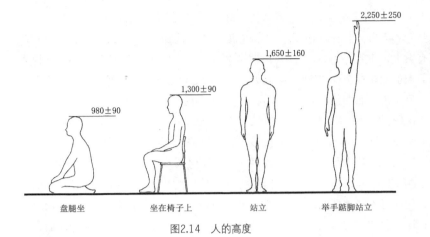

图2.14 人的高度   图2.15 人的水平尺寸

撑身体更要防止人坠落。建筑基准法规定的高度为1100mm 或以上。

（6）使用水的高度：肘臂的高度与肚脐几乎相当，确定用水高度时，取肚脐下 100mm 为宜。家庭用的操作台的高度，对身高 150cm 的人取 800mm 左右为宜。如今的年轻人身高普遍偏高，也有采取 850～900mm 高的操作台。洗脸的时候，通常需要弯腰，因此洗脸台的高度一般为 670～700mm。采用低值时，轮椅使用者和老年人也可以使用。

（7）腿脚与可跨高度：老年人关节发硬，很难跨过较高处。当跨不过浴缸边等时，通常先坐在浴缸边台，再抬起脚来完成移动。人坐时的高度是 400mm 左右，浴缸边台的高度取相同即可。房间没有高差是最好的选择，燃气管、电软管等不可以横放在房间地面。墙体下部通常设置木质踢脚线，防止脚尖碰到墙体。轮椅使用者碰到墙体时，脚尖很容易受伤，此时的木质踢脚线高度约为 300mm。

2）与平面相关尺寸

（1）通道宽度

70mm 以内：通道的最小宽度由是否可以挤进去来判断，只要是头挤过，身体就能挤过。婴儿床、组合式婴儿护栏圈的格子间距，就是婴儿不能挤出来的宽度。

100mm 以内：阳台的护栏间隔取该值，该尺寸可以防止 2～3 岁儿童挤出去。

150mm 左右：该尺寸正好是大人可以挤进墙间缝隙的尺寸，也是坐在电影院等处的座位时，旁人可以挤过去的尺寸。

300mm 左右：是侧身可以挤过的尺寸，是背对着墙可以整理寝具的最小尺寸。

450mm 左右：是可以挤入下水井的直径，也是地铁座位的最小宽度。

600mm 左右：是前行的通道宽度，是教室里的桌子间距。侧身时，两个人可以互相挤过。

750mm 左右：是伸出手臂时的宽度，是住宅走廊的最小宽度。提着物品可以通过，但摆手有可能碰到墙体。墙体轴线距离 910mm 时，除去墙体厚度，则净距大约就是 750mm。

800～850mm：该尺寸是一般门的宽度。考虑轮椅通行时，门的净宽应为 850mm 以上。

900mm 左右：是轮椅通行最低宽度。

1200mm 左右：轮椅可以转弯，是移动距离较长时的最低宽度。两人并肩通行时也需要此宽度。该尺寸是共同住宅和办公楼单面走廊的最低宽度。

1800mm 以上：该尺寸是建筑基准法规定的中小学校单面走廊的最小宽度，考虑了大量儿童瞬间移动的情况。

2300mm 以上：是中小学校中间走廊的最小宽度。

3000mm 以上：设计宽走廊时，类似于医院，可以考虑设置长凳作为等待或者休息场所。此外，中心广场、避难通道等的宽度，另有计算要求，需要参照相关规定和要求确定其宽度（参照图2.16）。

（2）人的居住场所：人站立时占据的平面面积最小，而且行动容易，工作等行动范围也宽。但是，站立时间长则容易疲劳，需要坐下。此时的座位高度越高则行动越容易。如果座位较低，人会静

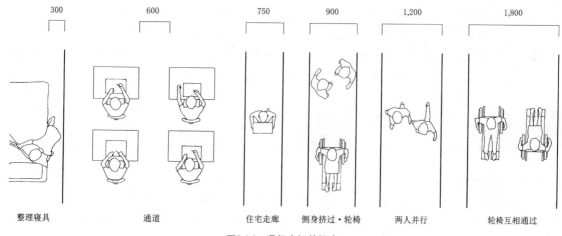

| 300 | 600 | 750 | 900 | 1,200 | 1,800 |

| 整理寝具 | 通道 | 住宅走廊 | 侧身挤过·轮椅 | 两人并行 | 轮椅互相通过 |

图2.16　通行空间的幅度

下心来转为休息姿势。躺下来睡觉则变成最为安定的静止状态。此时人所占据的平面面积最大（参照图2.17）。

b. 建设方关心的尺寸

　　建筑具有一定程度的标准，它来自我们日常生活和行为，来自建筑物的构造做法和施工等。如果不遵守建筑规则尺寸，建造起来非常困难，使用中也会遇到麻烦。该标准尺寸称作模数（module）。使用模数贯穿建筑的全过程称为建筑标准化或者叫作MC（modular co ordination）。

　　实现标准化，有许多有利的地方。如：设计工作变得简单，避免劳动力的浪费，可以批量生产建筑产品，生产成本下降，便于建筑材料的运输和加工，施工现场的作业简单化，施工工期也得到缩短等。反过来，也有设计自由度下降，建筑设计统一化等不利的一面。

　　以往的日式木结构住宅，多采用3尺×6尺榻榻米尺寸为标准模数，确定木构件比例（柱子与横梁的比例尺寸关系，房间的大小与顶棚高度的关系）等问题。如今取消了尺计量单位（用尺计量的方法是人类生活中总结出来的计量单位），采取表示地球物理单位的米制计量方法。且铺设榻榻米的情况也日趋减少，建筑的各个构件、家具等都实现了工业化生产。

　　因此，如何准确无误地、高质量地把工业化成品组装起来，成为设计师的重要工作。很多种建筑材料、设备零配件等相对简单的制品都已经由日本工业标准（JIS）制定为规格化。还有由优质住宅产品认证制度负责实施的，保护使用者利益的产品性能认证工作业已普遍采用，完全可以放心积极地采用。此外，有关产品的组装方法也在积极研讨中，尚未形成统一的标准和规则。

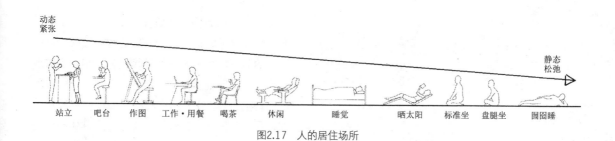

| 动态紧张 | | | | | | | | | | 静态松弛 |

| 站立 | 吧台 | 作图 | 工作·用餐 | 喝茶 | 休闲 | 睡觉 | 晒太阳 | 标准坐 | 盘腿坐 | 囫囵睡 |

图2.17　人的居住场所

3. 设计规划思考——建筑规划理论

设计规划是设计之初最重要的工作。要保持敢于面对难题知难而上，创造优秀建筑的决心和意志。这是通过建筑建设，为社会做出贡献所迈出的第一步。在设计规划中，要积极表现为新建筑、为革新创造、为建筑勤奋工作的意志。建筑革新本身就是对社会和人类的贡献，通过建筑可以体会它与社会密不可分。这是建设建筑的兴趣所在，也是值得骄傲之处。在这里首先从学习设计规划基本理论开始。

3.1　设计的思考方法

a. 物质性与意识性

设计就是以建筑的物质性以及物质给予的意识性为手段，为人类制作建筑的工作。所谓物质性是指石头、玻璃、混凝土等材料属性，也包括墙体、柱子等加工品。所谓物质的意识性是指人类对物质的感受，如：石头厚重显得安定等。对物质的意识各式各样，不能一概而论，大致上可以划分成心理性意识、功能性意识、社会经济性意识、审美性意识、象征性意识等。

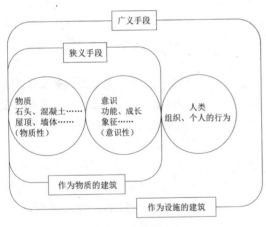

图3.1　建筑的建设手段

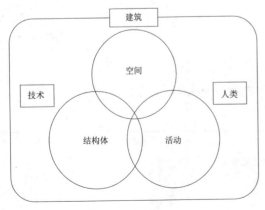

图3.2　建筑的建设对象

b. 设施设计

为人类建造的建筑，应该是使用方便（功能性）、安全（安全性）、美丽（审美性）的建筑。为此，必须学习有关人类利用建筑的科学知识，学习有关安全的技术，学习有关审美的艺术思想和方法，以专业建筑学理论为基础进行建设。

既然建筑是服务于人类，把建筑当作艺术性制作对象之前，首先要明确建筑是人类的活动场所。建筑是构筑起来的物体，在物体中间要求形成空间，也就是说建筑就是制作空间，是设施。居住，正因为是居住才首次成为建筑。美术馆通过举办活动成为利用者欣赏和学习的场所而受到重视，美术馆本身也逐渐成为建筑作品。因此，居住建筑理应由居住专家来设计，学校由学校专家进行设施设计。

设施设计，也就是设计设施中的人类活动。在此基础上，进行建筑设计。如果把人类活动比作软件，则建筑就是被构筑起来的硬件（构筑体）。建造构筑体和空间，需要工程技术基础知识。换句话讲，软件设计是与人类相关的工作，要以社会、经济学性技术为基础，与之前阐述的管理技术也有关联。现代的建筑设计，都是从建筑管理（人类活动）和建筑功能的复合观点出发，实施设计工作。

c. 从设计规划到方案设计

从建造建筑的设计立场看，设计过程就是满足各种条件和要求的极为复杂问题的解决过程。不过，把所有的问题都顺利解决，是极为繁琐和困难的事情。因此，采取分阶段解决问题的方法。第一阶段（设计规划）摆出最主要的问题，采取抽象的解决方式，最后阶段（方案设计）确定综合具体的解决方法。相互反馈各自阶段的信息，提高问题的完成度和内容的深度，是比较合理的方式。

作为建筑建设的设计作业，可以划分成设计规划阶段和方案设计最终阶段。以前，把设计规划称为建筑规划，把方案设计称为建筑设计。为了明确两者的关系，在这里使用设计规划和方案设计一词。对整体的建筑建设，仍使用建筑设计一词。

设计规划，是建筑的被使用方（生活）规划（项目），是进行概括性空间构成（规划）的规划（参照第4章）。设计规划的结果有时与最终狭义的设计（方案设计）作业相矛盾。重视方案设计，提出不符合设施条件的建筑形态，站在以功能和生活为前提的规划设计立场上，是不会被接受的。如果过分强调设施条件和过于遵循设计规划，或许造成方案设计的审美表现不充分。

在建筑设计过程中，区别对待设计规划和方案设计是解决矛盾的方法之一。这是美国型近代方法，在建筑设计事务所等设计组织机构中，明确分离设计规划和方案设计职能，在项目的某个阶段，有意图的表达各自的设计思路并进行处理和相互融合。

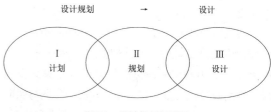

图3.3 设计规划与设计

3.2 建筑的力量

源自物质性与意识性的建筑，对人类有哪些基本作用？建筑形成了人类活动场所，帮助设施（也是一种建筑）的运转。此时的建筑具有三种物质性力量，即妨碍人行为的力量，帮助人行为的力量，以及引诱人行为的力量。F.L. 赖特在汉娜宅邸设计中巧妙使用这种力量，实现了承载日式传统的连续性空间。

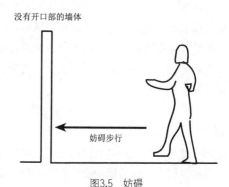

图3.5 妨碍

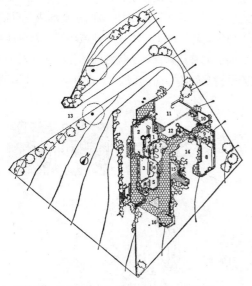

1：玄关门厅，2：起居室，3：餐厅，4：厨房，5：主人卧室，
6：孩子室，7：书房，8：游艺室，9：客室，10：库房，
11：车库，12：玄关，13：门，14：中庭，15：水池，16：佣人房

图3.4 F·L·赖特：汉娜私宅

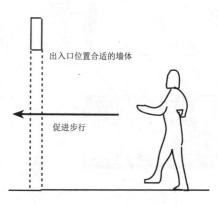

图3.6 促进

a. 阻碍

妨碍人的行为，指的是作为物质的建筑包括墙体、屋顶、地面，把人的行为限定在建筑里面。由于建筑拥有坚固的墙体，可以阻止怀有恶意的人企图进入建筑内部。

b. 促进

其次，帮助人的行为有很多丰富的内涵，包括功能性促进到心理性、精神性促进。厨房的尺寸，如果很适合用餐或者厨房的平面形状与餐桌很匹配，则用餐过程会很顺利。如果厨房的色调与照明给用餐提供了祥和的氛围，则用餐更加舒心和快乐。

赖特设计的汉娜私宅，从玄关到起居室与餐厅，其尺寸、大小、形状、色彩、亮度与照明等房间要素，布置的很巧妙，引导和促进人的功能性、心理性行为。总之，建筑不仅具有物质性，而且通过约束人类的活动，使人类合理的使用建筑，促进人类的功能性、心理性活动。仅作为物质的建筑，只有阻碍的力量。像教室那样，设定房间的使用规则，则会诱导人类发挥促进力量。因此，在建筑的设计规划中，要重视建筑使用方的规则，建立充分的项目管理规划（参照第4章）。

c. 引诱

建筑中行为的诱发力，其实就是对建筑的感动力量，是在我们内心深处驱动的建筑的力量。观察和接触建筑时，人类会根据自己的经验，产生某种有意识的冲动。这种冲动就是激发欲望的引诱力。这种场合，往往唤起人们记忆中的形象或原风景，

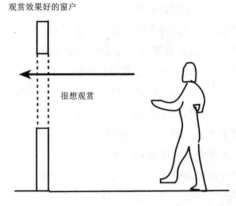

观赏效果好的窗户

很想观赏

图3.7 启发

对建筑产生触动。而且，还会唤起同种建筑所具有的社会形态的类似性，如类似于医院的形状、类似于学校的形态等，可以意识建筑作为设施的作用。也就是说人类看到建筑，会联想它是住宅，还是学校，还是……。形态诱发类似性的力量，难免有些传统性意味，往往认为它是妨碍改良的保守性力量而受到质疑。诱发力的意义，不仅表现在功能上，还有更多更广的建筑意义，是建筑建设面临的课题之一。

d. 综合性力量

与上述观点不同的观点认为建筑是地域环境的要素之一，具有创造环境和并行街区的力量。由于建筑能够创造并行街区，对地域的景观形成有贡献。由于建筑是环境因素，不仅对地域环境，乃至地球环境的形成有贡献。创造优秀的并行街区和对环境友善是建筑好的一面，反过来，也有可能破坏街道，

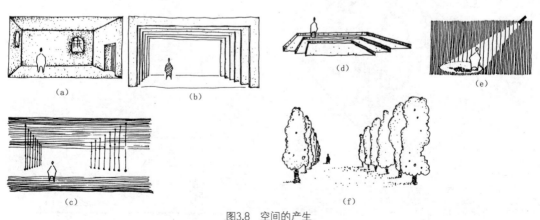

(a)　　　(b)　　　(d)　　　(e)

(c)　　　(f)

图3.8 空间的产生
从（a）到（f），封闭度依次下降，开放度依次增加，形成各种空间形式。

乃至破坏地球。这一点需要引起注意。

　　原广司先生针对建筑设计能为建筑带来什么的问题，做出如下解释：运用建筑的物质性与意识性的力量，为建筑实现一切可能就是设计。或许这个

问题永远也没有答案，但是现在，建筑至少存在丧失人类性，与环境和地球对立，阻碍地域社区的重生等问题。建设人类性建筑，时刻也不能忘记建筑是什么。

3.3　从认识到设计

a. 合理的确定方法

　　在科学分析建筑空间形式的基础上，确定规划的历史，始于 20 世纪后半叶。之前的 19 世纪，建筑规划多为格式化形式，继承以往的建筑空间形式，只是在外观上下功夫，展现古典风格的装饰。之后，古典的力量逐渐弱化，现代建筑被机械的方法和魅力所感动，以勒·柯布西耶、W·格罗皮乌斯、密斯·凡·德·罗等为代表的现代建筑先驱者们，努力尝试并普及新的建筑构成与设计。那个时期的欧洲正处在进入近代社会的转变时期，合理性主张过度泛滥。援引 M·霍克的解释，合理主义支配的时代来临了。

　　迎合这种动向，现代建筑设计思考方式也渗透到日本。在日本，独自产生了科学领会建筑的方法。它主张建筑应当迎合使用者和市民的要求，主张对规划进行改革。该科学方法最早由西山夘三提出，后由吉武泰水继承，成为 20 世纪后半叶在日本诞生的定型性建筑的巨大推动力。在这以后，认为该方法属于调查主义，存在诸如缺乏艺术性、只是对现状的改进没有创造性和革新、在确定人类生活问题上缺乏人性化等问题，备受质疑。

　　进入现代社会以来，在对待与人类息息相关的建筑和环境的关系问题上，认为客观的、科学的认识人类活动是不可能的观点占了上风。究其原因，其一，认为人类与建筑的关系是多种多样；其二，认为人类的意识是个别性的。之前的观点认为，人类对建筑的认知是一致的，能够科学、客观的进行描述。现代的观点认为，如今是没有客观的时代，建筑建设应以个人或小集团的意识、价值观为前提。

　　根据客观性模型建设的建筑与科学相对应时，相对简单的形态模型就可以决定建筑的构成。现代观点认为，由于存在多样性与个别性的对应问题，

不适合采用单一的形态模型。不过，既然建筑是由物质实现的，如果没有类似于形态模型的确定方法，建筑设计规划将无法作为技术继续存在。可以看出，否定客观性的意识、价值观与建设建筑的技术之间，存在很大的矛盾对立。

b. 相互作用论的展开

　　认识人类与环境之间的相互关系，不提倡环境决定一切和环境制约人类的（环境决定论）观点，而是确保相互的自由或者人类应该创造环境所期待的承载（affor dance）。这是最近出现的一种思考方式。

　　承载概念是视觉心理学家吉布森（J. Gibson）提出来的，他试图利用承载概念把人类与环境之间某种神秘的关系概念化。该新思想成了认为环境在历史的长河中具有包容力的设计规划的思考方式，对人类与环境之间无止境的交互，摒弃决定论，体现相互作用和影响的合理主义。

　　生活即人类与环境的关系，的确是相互作用的，科学的描述这种现象是比较困难的。认为确定规划的行为是依据环境决定论的认识是错误的。通常认为，只要是允许的，属于人类营生范围，则人类通过其行为切入现象中，合理的组合其根源和方法，也是自由的。应该把认识与规划行为另当别论。

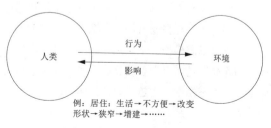

例：居住：生活→不方便→改变
　　　形状→狭窄→增建→……

图3.9　人类与环境的相互作用

c. 对决定方法的反思

近代的规划行为，实际上就是近代的合理主义。在合理而无止境的探索自然界以及人类自身的营生中，出现了科学尺度的影子。其结果是把人类行为的规则作为建筑这个人工物的设计条件。人类行为被各种要素分解，产生了与还原主义相适应的方法。建筑原本就是由各种材料组合与组装而成的，是非常适合近代还原主义的建造方法。由巴塞罗那的高迪归纳的要素主义，把功能要素与建筑要素一一对应起来，试图进行合理的建筑设计。该理论一直是迄今为止的建筑设计原理。与建筑设计相关的建筑规划，把人类的行为按照要素进行分解，明确其规则性。建筑所期待的设施项目被组装起来，得到传统认可的行为要素与建筑要素比较合理地组合在一起。由此得到的建筑空间构成，可以满足合理的建筑条件，体现普通的价值观念。所以，批判要素主义和还原主义观点，会给现代建筑设计方法带来一些问题。

在设计规划阶段，展开生活，把人类活动的社会性形式与空间形式、空间要素进行对应时，在社会性形式的选择方法上，着眼点往往偏向之前从未受到重视的侧面。发现高迪理论及其建筑设计方法忽视的缝隙和没有确定的部分，创新建筑内容，建造新的建筑。这种新的方法，已经获得若干革命性的建筑成果。

回顾近代建筑历史，有关物质综合性、现象分析和描述的还原主义或者规划行为存在局限性，具体表现在决定行为规划的不可否定性上，这是不能回避的问题。换句话说，只有怀着深深地规划行为原罪意识才能实施建筑建造，它将成为建筑设计的伦理。

3.4 源发性空间形式的空间观

建筑设计作业，并不是全部在科学的推论下进行的。这是因为空间形式的明确概念尚没有形成统一的认识。如果没有若干建筑形象的先行，空间形式是很难构思出来的。这就是源发性建筑形象。例如：大家都认为建筑的形象很像学校建筑的时候，它就会成为大家公认的、一般的学校建筑形象。其他学校建筑则根据该建筑形象进行再建设。有个性的建筑师形象，应该不是普通的，应当具备独特形态和形式。

另外，根据不同的地域和时代，建筑形象也表现为各种一般性形象。如果把它称之为建筑的空间观，则日本的传统木结构居家（住宅）可以认为是日本人的核心空间观。空间观确定以后不再变化，其建筑形态也就被定型化。

总之，建筑设计就是构思建筑形象空间观的过程，实现形象当然需要可行的方法。形象的最典型的形式就是形态模型。虽然也有超形态几何学的形象，由于建筑是具有形态的物质，形态模型显得更为重要。形态模型作为建筑设计技术，是必须长期坚持的概念和方法。

a. 形态模型

形态模型与地域、时代特有的空间观关系密切。与学校建筑的类似性一样，由同一时代人类所共有。首先对西方和东方做一个比较。古希腊时期的哲学家亚里士多德，在欧洲传统空间观中，最先把建筑定义为不可移动的容器。欧洲建筑的形态模型具有容器性。西方这种用封闭的墙体形成空间的做法，不是日本的传统做法。在日本，把建筑当作场所是传统的空间观。因为日本居家的传统形态，虽然设有屋顶，但四面却为开放，与其说是容器，称为场所更为恰当。这两种空间对比是根本性的建筑对比，作为各自的空间形象一直传承至今。从容器和场所中，演变而来的各种建筑形象，可谓是欧洲性或者日本性所持有的个性。

还有，即便是极小的空间也表现出其地域和时代的空间观。在日本，正如鸭长明在《方丈记》中提出一丈四方的最小居家思想。这种运来便可以组装的、内部为空（或者虚无）的居家，就是日本建筑观之一。相比之下，西方的最小居家表现为封闭而坚固的城堡。在其他类型的最小居家中，采用布

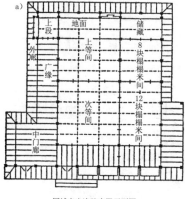

a)

園城寺光净院客殿平面图

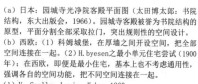

（a）日本：园城寺光净院客殿平面图（太田博太郎：书院结构，东大出版会，1966）。园城寺客殿被誉为书院结构的原型，平面分割全部采取拉门，突出规则性的空间设计。
（b）西欧：（1）科姆城堡，在厚墙之间开设空间，把全部空间连接在一起。（2）H. byesen之最小单元住宅尝试（1900年）；在西欧，即便是最小住宅，基本上也不考虑通用性，强调各自的空间功能，把不同空间连接在一起。
（1）V. Scully: Louis Kahn, 1960.
（2）E. Schmitt: Handbuch der Architecktur, 1927.

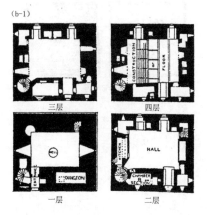

(b-1)

三层　　　四层

一层　　　二层

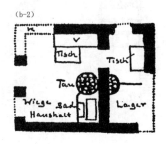

(b-2)

图3.10　空间观的比较

(a)

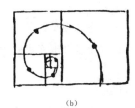

(b)

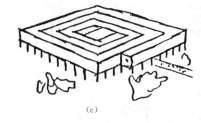

(c)

(d)

图3.11　勒·柯布西耶设计的美术馆原型（蜗牛）

在国立西洋美术馆设计中实现。F·L·赖特设计的古根海姆美术馆空间构成也类似。

置饮食寝具等基本家具的形式，也是一种强调存在（或者为实）的传统思想。

前面提到的近代建筑的还原主义和要素主义的方法，在对待基本型与超越型形态模型上，大多存在黑白两级空间组成的形态模型，成为许多建筑的空间构成原理。这里所指的两级空间组成，指的是里与外、公共设施与私人空间、公共性与私密性、动与静等，不是指西方与东方的区别。这些原理尽管本身只是二元空间构成，但是对各种场合都可以赋予其含义，尤其把复杂的建筑条件归纳成格式时

非常有效。如同轴线表示空间构成，采用该原理方法使建筑形态保持物质性、视觉性、感知性顺序。

作为20世纪近代建筑的原理，源发性空间构成的影响很大。在建筑构成原理中，提高还原主义分量的是高迪的空间构成单位。勒·柯布西耶的建筑五要素和多米诺原理，是以铸铁、玻璃、混凝土等近代建筑主要材料为前提的，更加贴切空间构成原理。近代建筑五要素代表建筑的主要要素，多米诺原理揭示了内部空间与形态构成之间的相互关系。此外，20世纪的建筑巨匠们创造了许多形态

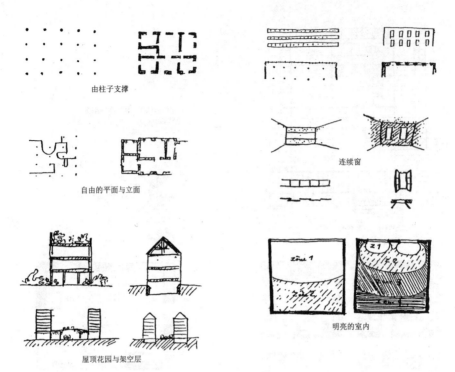

由柱子支撑

连续窗

自由的平面与立面

屋顶花园与架空层

明亮的室内

图3.12　勒·柯布西耶的近代建筑原则（1926年）

各自做了新旧对比。

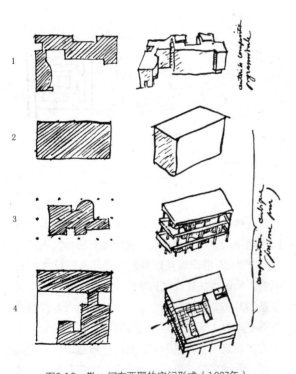

图3.13　勒·柯布西耶的空间形式（1927年）

（le Corbusier oeuvre complete, 1910-1929, 1960）在多米诺原理中，提出现代建筑构成原理，通过住宅设计，揭示了1：加法，2：矩形，3：多米诺，4：减法等四种形式。

模型。弗兰克·劳埃德·赖特提出了从日本传统建筑中受到启发的连续空间，M·V·罗伊提出了通用空间及其模型，W. 格罗比乌斯提出了集合式住宅与住宅地的形态模型。丹下健三、吉坂隆正等日本建筑师也提出过许多建筑创作形态模型。

b. 新的展开

上述现代派思考方式定型以后，到了20世纪的后半叶即20世纪80年代，产生了试图超越现代派的后现代派思考方式。提出以个性化历史重新解释的形态模型和抽象化概念建筑模型。该时期的模型未必都是一般化，体现建筑师的各种个性。在日本开始迎接矶崎新、筱原一雄、原广司、伊东丰雄等一大批建筑师的挑战。出现这种现象，是由于被定型化的空间观与时代的认识不相称，使得建筑设计提案转向新的方向。

到了现代，新的源发性空间构成和形态不断涌现。内藤广就是其中的代表人物之一，主张建筑形态原型的创新。内藤的原型创新表现在充分运用结构和材料的特性，创新传统日本建筑形态。他的建筑形态在保持传统性的同时，展现超前性审美感性。

此外，还有重新诠释建筑的人群。青木茂就是其中一人，主张形态模型避免封闭孤立，极力主张空间的动线化理论。青木的建筑在连接各自独立空间的现代建筑中，以舒畅的开放性空间为特色。还有墨守成规的小嶋一浩，则使用新单位将建筑分解以后再组合，依此打破一直沿用的构成，创造新的开放性建筑，该方法并不是统一性方法。

在 20 世纪，某种建筑的思考方式的主导时间或许太长。进入 21 世纪的现代，以更加人性化的建筑为目标，充当其原理的建筑形态（空间观）必将不断涌现。

c. 空间形式（空间模型）的构思：从规划到设计

规划设计包括制定规划和实施规划（概括性空间构成方案）两个工作阶段。

建筑的规划程序是整理建筑中的人类活动条件，并将它作为空间条件传递到下一个规划工作。在规划阶段，构思建筑的基本形态和抽象模型。在规划工作中，应当深入分析人类活动，明确空间条件，确定房间等各个空间单位的空间位置关系，构思被称为建筑的物质配置。所以，规划阶段的构思是最初的综合性、预见性工作。

（1）空间模型：之前阐述的与空间观有关的源发性空间形式，也可以认为是诱导规划预见性的初期模型。设计者可以利用模型，检验规划的空间条件是否得到满足。之后联想最终的设计作业，仔细查验建筑是否达到预期结果。这个阶段的创造性规划，是造就优秀建筑的分水岭。古典空间模型、新型现代空间模型、常识性矩形切割模型、连接各单位模型等，都是规划不可或缺的。

（2）先驱者的模型：O·瓦格纳是 19 世纪的新古典主义建筑家，他不拘泥于建筑样式，比较自由地畅想，提出了维持习惯性，符合功能性的、以城市脉络为前提的建筑设计方法。前面提到的高迪也是几乎同一时期的建筑家，他提出按单位分解建筑的物质性，与功能性要素相对应的方法。那个时期，并没有如空间形式的构思方法等的科学的建设方法，把合理性构成当作建筑建设方法。进入 20 世纪以后，优秀建筑家提供了很多形态，空间形式不断得到完善。勒·柯布西耶的多米诺原理等，就是勒·柯布西耶形态给予者们的发现。历史学家把那个时期称为形态给予（form giver）时代，把当代称为解决问题（problem solver）的时代。

（3）挑战方法论：20 世纪后半叶开始，把建筑建设当作发现空间形式的有难度的议题。C·埃里克森在处理空间形式时，采取形式的合成方法，试图从正面突破。他把建筑问题用数理化信息处理程序进行格式化，挖掘其中的奥秘，取得了很大成绩。但是，迄今尚没有解决位于建筑设计方法奥秘中心的形式的挖掘方法。在给定的条件下，使建筑与空间形式最大程度的满足要求，必须以创造性为前提，事先确定答案是做不到的事情。

（4）设计的作用：在规划阶段构思空间形式以后，具体的、严密的研讨各种条件，根据立体建筑的物理性要素，充实空间形式。设计就是综合性研讨与立体建筑的具体化。设计的本质就是设定建筑的形态与空间表层，综合并细化从结构、构造、材料到设备规划的建筑技术。从表面上看，设计好像是决定形态和空间表层等的建筑特性的作业，实际上设计作业在整个建筑建设作业中的综合性技术含量最高。正因为如此，空间形式的构思具有很高的难度，完成它同样需要具备高度的技术历练。

3.5 设计规划的基本做法

让我们顺应现代的社会课题，努力探讨设计规划的方式方法，创造优秀的建筑。

a. 保持预见性

回顾明治以后，在日本引入图书馆建筑以来的有关设计规划的具体做法。明治维新以后，日本政府致力于从美国、欧洲等近代国家引进政治、经济、社会、文化等所有领域的先进理念，实行对外开放。并波及建筑文化，推动了公共建筑建设以及相关建筑教育制度的改革与重组。终于在明治时期，首次在东京大学（在当时的工部大学校建造学科）开设建筑教育课程，于 1980 年前后成立建造学会（后来的日本建筑学会）。有关公共建筑制度逐渐得到调整，陆续建设公共建筑。根据福泽谕吉等人的欧美考察，公共图书馆建设提到议事日程。中央设立东京书籍馆，地方设立秋田、山口等图书馆。

19世纪后半叶的欧美国家，在B·富兰克林（美国总统）等先驱者的大力支持下，开放式（开架式）市民图书馆已得到普及。在英国，公共图书馆也开始普及，针对市民图书馆的开放式空间形式，当时的英国建筑学会建筑师们早已发表其构成方式等的研究成果。

日本建造学会也及时公布了英国的研究成果。不过，在建筑建造方面，真正实现市民图书馆的运营，还是第二次世界大战以后的事情。针对开放性市民图书馆问题，除了建筑以外的图书馆专家们，自1910年前后开始，也进行了启蒙性研究活动。

当时的思考方式和方法，与现在已投入使用的核心市民图书馆的思考方式和方法完全相同。从19世纪后半叶到20世纪这段时间里，也不知道拥有先进情报的建筑相关者都在忙什么，建筑专家只能被动地接受有关市民图书馆的做法和信息。普及市民图书馆是在战争结束以后。在建筑建设中，在预见性的基础上，进行建筑的建设活动很重要。设计规划是创新优秀建筑的最初阶段。

进行建筑的设计规划，无论何种建筑，要把所有建筑内容当作设计对象，敢于解决相关问题，敢于提出新的见解和方案。只有这样，才能担当建筑建设的责任。

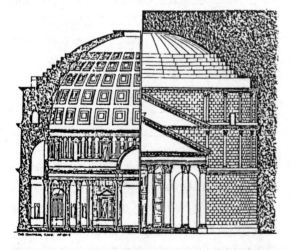

图3.14　万神殿：空间与外观（P·拉索：形态思考，1980年）
揭示了内部空间是建筑的本质。

b. 对空间的责任

既然建筑提供了人类的空间，则首先应该是包裹人类的内部空间。建筑的外部空间，也有人类的活动，也属于人类的空间。建筑的内外两个空间构成建筑的基本空间，是设计规划的对象。

（1）从形态到空间：强调空间的设计规划的重要性而忽视建筑外观等形态是不可取的。过去的欧洲建筑重视外观形态的规则（样式）原理，忽略了内部空间居住性的改善。这一点，勒·柯布西耶的近代建筑五原则解释较清楚，到了现代作为建筑技术才得以改进。对于样式建筑，外观等形态的重视度，等同或略高于对空间的重视程度。到了现代建筑，变成在保证空间的基础上，重视建筑形态。形态对建筑很重要，但不能以牺牲空间为代价。

在人类与空间的关系上，历来都认为空间不仅是物质，而且是视觉对象。但是，从建筑与环境关系上看，空间的定位并不是十分明确。现代建筑思想中，承认建筑历史的存在，但却不讲其空间历史。意大利的B·泽比第一次主张空间的价值观，也是20世纪后半叶的事情。纵观19世纪到20世纪，对待丰富的空间构成问题上，除了教堂以外的其他建筑，简单地把房间等空间单位连接组合的样式建筑占大多数。从勒·柯布西耶的近代建筑五原则和建筑构成多米诺原理中也能清晰地看出，只有现代才做到了克服样式建筑的束缚，使连续、开放的或者不定型的内部空间成为可能。从20世纪后半叶到现在，充满活力的空间构成成为设计目标，说明现代是空间设计时代。

（2）迈向更加人性化的空间：不仅是宏伟的公共建筑，就连城市角落里的住宅也重新纳入城市规划设计中。为土地和地域空间注入活力，是重视空间的现代特色。它不是原有城市街区的大规模再开发，而是对局部居住和其他小规模建筑群，以空间性为前提，进行更新改造。garujie·damuru、上尾等地的开发，绿町小区的重建，小布施并行街区建设等都是很好的案例。意大利等国家的保护历史遗产方法论，提出包括优秀建筑遗产在内的所有并行街区实施保护的方法，也出自同一个价值观。还有一种动向是，把人类当作生物体，在空间建设中重视其感觉性、生态性本能的条件和需求。这是一种把城市生活环境中的建筑活动当作新的宏观活

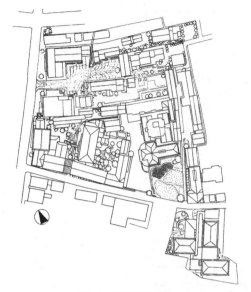

（a）小布施街区景观规划

（b）栗树之巷

图3.15 小布施的并行街区建设

动，把人类的心理、生理活动相对应的空间建设当作微观活动的新思维方式。

c. 功能性、安全性、无障碍等基本条件与使用要求

以建筑提供的内部空间作为人类活动场所，都需要具备哪些基本条件？建筑的使用者一般根据使用者人口的特点，而机构团体的场合则考虑社会关系，总之，所提要求各式各样。包括运营管理者在内，使用者的范围和要求更加广泛。满足使用者对建筑的各种要求，就是设计的基本工作。

（1）使用者的条件：符合使用者要求的建筑理应满足的条件通常如下：根据世界卫生组织（WHO）确定的健康条件，人类生活必须具备功能性、舒适性、健康性、安全性四个条件。功能性要求使用简单，包括人类的行动自如，以及物品的收藏、信息的传递等的高效率，是建筑建设的基本条件。舒适性要求保证人类的精神性以及心理的、生理的舒适性。健康性要求提供人类等高等生物健康所需环境条件。与健康性一样，安全性要求保障发生火灾、灾害时的人类的安全。此外，要求现代建筑不能对人类有障碍，因此要重视无障碍设计、共同生活、通用空间等要素。

20世纪的建筑，被称为功能主义建筑，一味地追求便利性，失去了审美和人性化而受到质疑。也曾经发生过否定功能性建筑的过激行为，但是无论如何，建造建筑必须迎合生活在其中的人类活动，其功能性是不可或缺的。

功能性建筑没有多少余地，而且其生产比较合理，导致非人性化问题突出。舒适性的问题也由此而来，它是建筑的精神性或者心理性条件。现代正在兴起通过建筑治疗的环境建设，它是实现舒适性的新尝试。

关于健康性，目前遇到的问题是，如何杜绝成为病因的建筑建设。例如：如何避免精神性刺激等现代病症以及由构造、材料引起的大楼综合征（成病因的建筑），成为很大的课题。在形成集合式居住环境的建筑群，由于它是社会性生活的营生场所，会出现症状完全不同的病因。单体的建筑也不例外。通过汇总各个侧面的影响因素，保证建筑健康性的必要性浮出水面。

说到安全性，自然包括日常性事故、火灾和台风等灾害。最近再次让人印象深刻的地震安全性问题，也摆在面前。还有防止毁坏公共财物等的防犯罪对策也日益重要。毁坏公共财物是对建筑等的破坏行为，与社会的不稳定有关，是由对社会不满的发泄造成的，也与建筑的大型化以及人口的高密度性等有关。

（2）无障碍与共同生活：无障碍是指，针对人类的不同身体状况，谁都能够没有障碍地使用建筑以及与建筑相关联的条件，是消灭了障碍的建筑之意。大楼硬件法已经公布，规定了建筑的无障碍义务。无障碍条件适用于所有人类，而且对所有建筑要求具备硬件和软件，使得正常人和身体有障碍的人可以共同生活。这种思考方式称为共同生活（normalization）方式，许多建筑建设都在尝试。

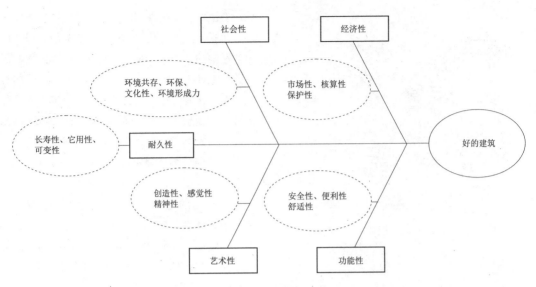

图3.16 要求与条件的相互关系架构
（根据建筑设计质量手册和日本标准协会相关表格制作）

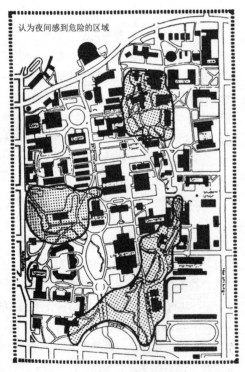

伯克利分校400名学生在夜里感到危险的区域

左图中的夜间危险区域恰好是白天被自然景观和树林包围的有人气的空间

图3.17 安全性比较：大学校园的安全性
（克莱尔·库珀·马库斯等. 人类的室外环境设计 [M]. 汤川利和等译. 鹿岛出版会，1993）

d. 生态环境的领域感

（1）社区与私密性：如果把没有接受社会历练的、过去的人类比作生物，建筑就是为生物建造的生态环境。人类的生态环境，与动物的地盘意识一样，在保证整体安全的前提下，采取适当的关系，构成互不侵犯的领域。例如：居住作为生活场所，设在生活的地盘（领域）中心，既可以保证安全，又可以与附近社区人群保持紧密的联系。进入住宅内部，也发现类似的情景。既有起居室等家族共同使用的房间，也有个人使用的寝室。各个房间的布局与使用者的领域感相对应，设置相应的私密性条件，从玄关入口附近到里侧分层次分布。人类的社会性活动场所也不例外。例如：在办公空间以及一间勤务室，以桌子为中心布置工作领域时，同样考虑使用者的领域感。也就是说，进行某种行为时，把行为相关领域利用房间等空间进行围合，以满足使用者领域感的要求。建筑必须与人类的生态环境相融合，必须为人类的活动提供生活秩序。

（2）布置、朝向与场所：对人的领域感来说，建筑场所的布置和朝向，是二个重要的建筑条件。人类活动作为建筑的对象，是一个多重行为和复数的主体，行为的分散或者集中，都与一个场所或者房间相对应。行为所需各种场所和房间，分散在建筑的各个部位，用通道等连接在一起。各场所和房间根据其在建筑里所处的位置不同，有的面向外侧，而有的面向中心，或者与其他房间为邻，或者相互独立，形成一个网络。房间和场所形成一个团体，类似的团体汇集在一起形成一个区域（参照图4.10）。该朝向和网络以及区域，表现出一个领域特性。在建筑设计阶段，更加详细确定各种场所和房间，使之与该场所和房间的活动相适应。与场所和房间的活动相适应的设计，我们称为生活或者活动场所建设。这种设计人情味浓厚。

（3）凯文·林奇的发现：人类对居住环境留下印象的时候，不同的环境与生活具有各自独特的形象。林奇明确指出，在城市形象中存在标志性（landmark）、区域（district）、通过（pass）、边缘（edge）等形式。C·埃里克森和铃木成文在分析环境与人类意识关系时指出，在人类的居住环境中，从公共性到私密性，人类分层次的感觉其领域感。在环境中，如果能够把人类的这种领域感规划为自然形态，人类就可以以生态的、安定的感觉生活下去。

在实际的居住环境（地域或者居住）中，观察是否实现安心、丰富的生活区域，可以发现还有许多不足之处。整治与人类活动相适应的生态环境及其感受条件，是改善环境的重要内容。

e. 成长变化与耐久性

（1）物理性耐久性与功能性耐久性：随着建筑的结构、材料等的技术进步，建筑的寿命也得到延长。建筑的这种性质称为物理性耐久性。物理性耐久性作为建筑的硬件性质，必须关注地球资源这个各个方面都在热议的生活价值观，对保护环境及与地球和谐共存具有重要意义。为建筑提供寿命，杜

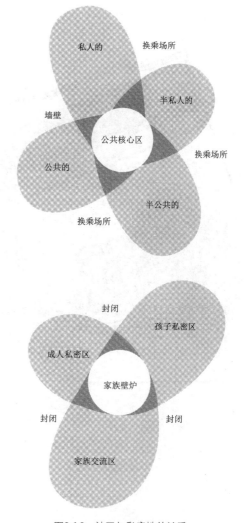

图3.18　社区与私密性的关系

（C·埃里克森等. 社区与私密性 [M]. 冈田信一等译. 鹿岛出版会，1967）

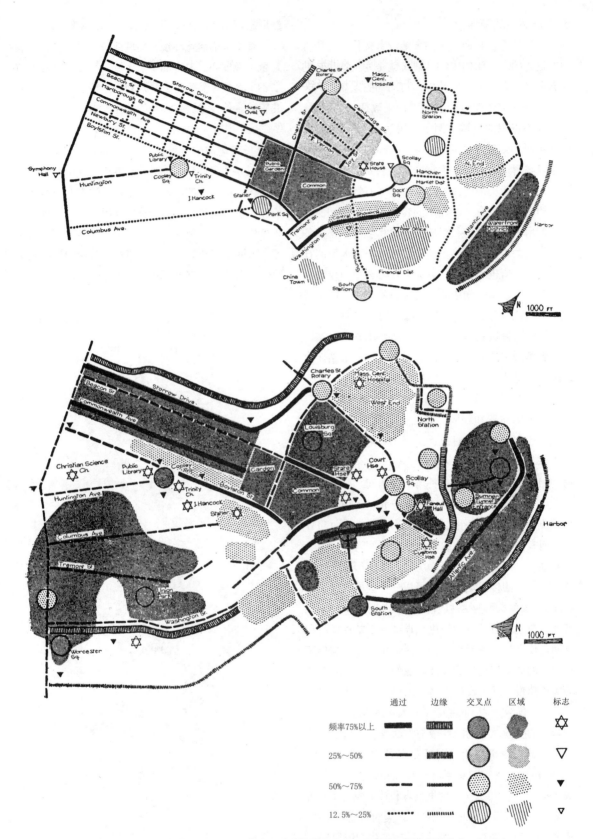

图3.19 凯文·林奇的研究（凯文·林奇. 城市的形象［M］. 丹下健三译. 岩波书店，1968）
简略地图中提取的波士顿形象（上）与实地踏勘中提取的波士顿视觉形态（下）

3. 设计规划思考——建筑规划理论

绝浪费资源，即使到了寿命需要丢弃，也要采用不破坏环境的材料，使其自然地回归环境中。

同时应该看到，我们的生活也有惊人的进步和变化。当然不希望看见由于过于激烈的进步，导致传统和常年累积下来的建筑文化受到破坏。技术的进步，使得生活得到实实在在的提高。原来的生活发生改变时，老式建筑使用越来越不方便。建筑可以应对这种变化的性质，称为功能性耐久性。功能性耐久性属于建筑软件性质范畴。如果我们建造的建筑能彻底地适应人类活动功能，硬件的特性就会被固定，软件的功能性耐久性也就会变短。

（2）面对成长变化的规划：现代建筑需使用长久且随时满足功能需求。提高物理性耐久性的同时，长久地保持功能的耐久性的建筑已经呈现在眼前。多翼型医院就是面对医疗技术日新月异的空间需求所提出的设计方案。SI 住宅（skeleton+infill 住宅）也是针对不断变化的居住生活，提出来的以住宅为中心的设计方案。在现代生活中，面对即将迎接改建期限的医院建筑、公寓和集合式住宅建筑，的确感觉到建造能够持久的适应人类活动变化的建筑的必要性。这种考虑建筑成长变化的设计规划，称为建筑成长变化规划或者建筑时间变化。

在建筑成长变化规划中，资源的利用方法很重要，要把握具体的可重复使用需要，进行架构规划。它不仅适用于单体建筑，也适用于城市建筑群。它可以维持建筑街区景观，延续该地域景观文脉。

（3）医院与住宅：医院建筑的情况是，基本结构主体的物理性耐久性处于完好时期，内部设施的老

化与更新频繁，与治疗方法的改进之间的矛盾突出，成长变化规划始终是被关注的大课题。此外，为了保证舒适的治疗速度，在城市的各个狭窄地段成建制建设医院。于是出现了如图 3.20 所示的模块模型。多翼型医院，在不停止医院活动的情况下，可以相对容易实现医疗设施的频繁改造。现有医院无法实现像多翼型医院那样的局部改造方式，需要探索行之有效的模块模型，以便进行大规模全面改造。

在住宅方面，快速普及的公寓建筑进入老化时期，对集合式多层住宅的成长变化规划，急需改建和改造的规划技术。内田祥哉、巽和夫等所在的具有 30 余年研究开发历史的 KEP（公团实验住宅）、CHS（新世纪房屋系统），一直致力于住宅等技术研发。他们针对居住者的生活表现，进行不懈地综合研究。先后开发内部布局改造和替换系统、便捷式材料替换系统、确保主体结构等基本结构（称为 skeleton 或者支援）的社会性财产的耐久性、可自由改造内部的方法。这些成果将在 21 世纪实现，在研发建筑改造技术的同时，正在重新研究居住者关注并使其满意的所有权划分方法。

f. 环境共存力量、地域形成力量

建筑正因为存在，才与周边和地域环境保持各种关系。从微观上讲，对地域的微气候、声音、光、空气、水等产生影响。从宏观上讲，对地域社会的城市活动产生影响。

（1）生活场所：由于以前的建筑规模较小，除极少数特殊情况以外，基本没有考虑对微观环境工

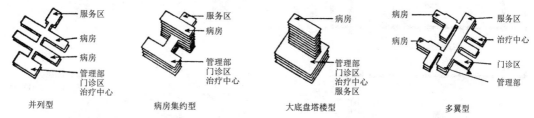

图3.20 成长、变化与模块平面基本型（日本建筑学会. 建筑设计资料集：建筑与生活 [M]. 丸善，1979）

模块平面的主要任务是：确定医院建筑各个部分连接方式，协调建筑与用地，保证必要的外部空间。医院的很大一部分是病房。在木结构和砖混结构时期，分类建设1~2层病房楼，另建主楼和服务楼，并采用过渡性走廊相互连接。这种并列型建筑是当时典型的医院建筑。钢筋混凝土结构和电梯得到普及以后，管理区、门诊、治疗设施中心、服务区与病房相互独立的集约型多层建筑或者把病房置于上部，把其他区布置在底层的大底盘塔楼型，成了最为常见的模块平面。最近以来，随着医疗设备和技术进步，针对不断变化的医疗需求，医院各部的增层改造应运而生，出现了多翼型平面。

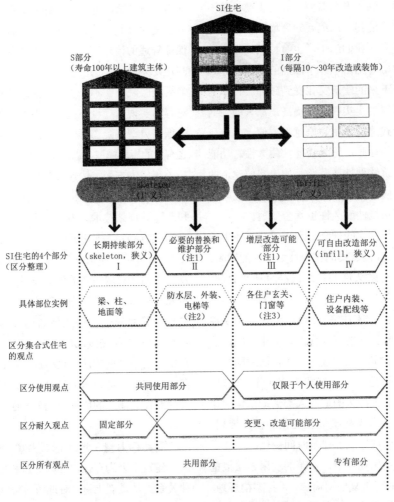

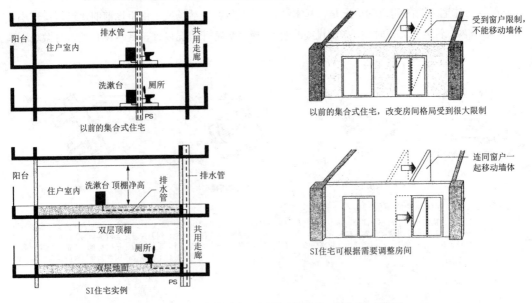

注1：属于skeleton（狭义）与infill（狭义）之间区域，包括名称在内需要今后继续研究。
注2：是为防止主体结构被风雨侵蚀而附加的部分以及共用设施，通过更换和维护保持其长久使用。
注3：由于改造会对邻居产生影响，需要事先商定改造内容，限定一定范围。

图3.21　SI住宅的划分方法（国土交通省，SI住宅，2001）

skeleton结构三维模型

建筑概况
地　　点：大阪府大阪市天王寺区　　　　规　　模：6层
发包人（或开发者）大阪燃气　　　　　　结　　构：RC、SRC结构
设　　计：21新世纪建设委员会　　　　　户　　数：18户
施　　工：大林组

图3.22　21新世纪（SDS系列丛书9：集成［M］. 新日本法规，1996）

程的影响。但是，高层建筑之间的高强阵风、商业设施的噪声、大量排水引起的污染公害、地域性排水引起的淤泥污染等逐渐成为社会问题，也变成建筑规划面临的基本问题。建筑不仅要实现用途，还应为地域的生活场所做出贡献，理应规划为与环境共存。出现问题，积极与城市规划合作，及时处理和解决。建筑能够与环境共存，我们称为环境共存性，今后的建筑必须以环境共存为建筑目标。

由于城市是经过漫长时间自然形成的，所以建筑即使与周边地域的成长发展相冲突，也都希望随着时间的流逝得到缓和，希望现代城市及其活动与地域相协调。地域的生活特征和文化也由此确立。但是，到了现代，随着汽车文化的发展和普及，生活习惯的变化，多数地域陷入衰退的边缘。与这些社会问题并列，建筑规划也面临地域设施的改造与整治问题。目前新地域设施建设，多以翻新原有设施、扩大规模等为主，没有正确处置原有用地，只是简单地纳入其他城市郊区等用地规划。造成原有建筑与周边地域之间的关系（地域形成力量）受到损坏，加速了城市街区的衰退。在地域设施的规划中，被要求满足新设施需求，导致以往的地域设施规划处在必须革新的境地。

（2）生活的变化：新地域设施规划，在见证建筑中的人类活动的同时，要认清地域的多样化问题。重要的是，对之前形成的惠及建筑的生活文化怀有敬意并基本保持一致，因为这是建筑文化。

向设计集团挖掘包括公认的日本传统文化在内的埋藏于地方的地域生活文化，成功地在建筑建设中予以实现，统一并综合整理了包括单体建筑在内的地域设施和民居设计。石山修武的"松崎町的故事"也与之相关联。除此之外，包括石井宏等人的事业在内，在近代化过程中，把握并再生传统的生活文化，理应是建筑师的责任。

（3）新的需求：在地域设施的问题上，伊东丰雄非常重视发现新的生活方式，与使用者一起共同创造了地域设施软件，提出了具有"通过性"的地域设施设计方案。具体体现在公共地域设施领域，力求地域设施服务于市民。根据地域设施随生活方式的变化性，考虑使用者的多重性或者自由利用目的，主张设施既可以用作通道，又可以用作休闲广场。在实际操作中，仙台的传媒平台不仅满足人们对图书馆类的服务需求，还作为停留或会面的场所或积极引导市民来馆做事，都体现了开放场所的特点，完全证明建筑师以及策划者的思路的正确性。仙台传媒平台被誉为象征21世纪的建筑。

g. 责任

究竟建筑是属于谁的呢？考虑其经济价值，理当由所有者所有。但是，公共性地域设施，如市立图书馆属于是政府运营管理的设施，但其目的是为市民服务。所以，图书馆的建筑设计规划必须满足市民的需求。从这个意义上可以认为，设计规划始

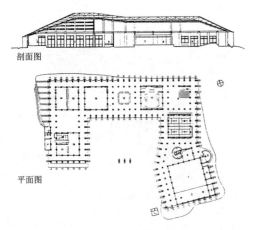

剖面图

平面图

图3.23 象设计集团：今归仁村村公所（1975年）
在现代融入民俗性的设计作品案例。

于市民对建筑的需求。不仅在规模、形态、空间组成、内装以及其他物理性建筑硬件，而且在运营管理的组织架构、使用方法等建筑软件，都要适应市民的愿望。

3.6 建筑设计的评价

建造更加优秀的建筑，离不开评价这个重要的环节。建筑评价原则上以功能性、结构强度（技术性）、美观（艺术性）3个因素作为评价条件。如今，

在这些公共设施或者地域设施的建筑设计规划中，最重要的是，对使用者怀有敬意和满足其要求。直接利用的市民固然重要，从事运营管理的员工的立场也很重要。公共地域设施的设计规划，目前都在采取邀请使用者参与等设法满足使用者要求的设计规划方法。从设计规划的专业立场上看，服务于不特定多数市民的公共建筑，必须掌握不特定市民要求的调查分析技术，必须掌握依据建筑规划程序进行的限定条件规划技术。限定条件下的规划设计（参照图4.3）是与程序相关的最重要的节点。在此条件下，选择适合基本条件和要求的方法。

不特定多数要求调查技术和限定条件规划设计恰当，则可以综合解决使用者的需求，同时作为设计规划成果完成了设计师的"责任"。"责任"作为可行性说明，与市民参与建筑建设的权力和信息公开必要性等关系密切，也称为透明性规划。这种责任是今后建筑建设理应坚持的原则。

对建筑的经济性的关注度很高，优秀的功能性和技术性，也要求以较低的成本合理的建造。

（1）一般的建筑评论：建筑杂志上经常看到有

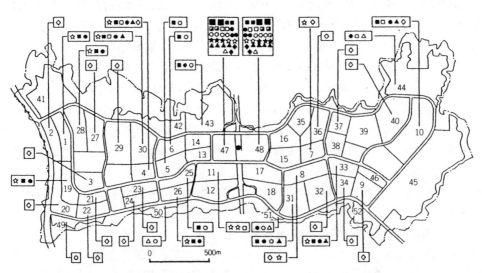

■大型商业（超市、商店）　　○茶店、酒吧、自助　　●饮食店、寿司、餐厅　　△钟表、眼镜、照相、电器店
▲美容理发店　　□洗衣店　　▣医疗设施（医院、牙医）　　▢药店、化妆品店　　◇课外辅导、文化教室　　◆日用品、文具、家具
☆食品店　　★服装店　　＊图中的数字表示不同地段。

图3.24 设施与地域住宅地之间的关系（日本建筑学会．地域设施规划［M］．丸善，1995）
有关S新城的地域设施的设想。

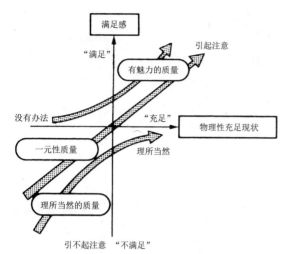

(1) 有魅力的质量因素（attractive quality element）：是指充足时可以带来满足或者即使不充足也无奈接受的质量因素。
(2) 一元性质量因素（one dimensional quality element）：是指充足时感到满足，不充足时引起不满的质量因素。
(3) 理所当然的质量因素（must be quality element）：是指充足时想当然地接受，不充足时引起不满的质量因素。

图3.25 质量的双重性
（建筑设计质量，日本标准协会，1997）

关设计竞赛入选建筑相关话题和对优秀建筑的评价。建筑评论家的发言和留言，各有不同的观点主张，各自提出优秀的建筑并阐述其理由。其中还出现背离建筑基本条件的评价。尤其对新型建筑，不太涉及其功能性和技术性，偏重于新审美观和建筑设计潮流的完成程度。这也许是缺乏使用者对建筑的评价信息，或许是有意忽视实际的信息和它的价值。此外，建筑杂志是与所有建筑设计相关的大众化信息杂志，或许不把使用者和技术者的观点当作必要的前提。

（2）艺术性：与着重实用性的功能性和强调合理性的技术作比较，建筑的艺术性体现更高一层的价值。只要是美观，可以忽视实用性和合理性的观点也就产生于此。美观在一定场合，的确具有超越性价值。只有承认这种超越性，才能建造超越时代的美丽建筑。某种意义上讲，审美与实用之间的矛盾，或许将永远存在下去。

图3.26 建筑评价图表（向日葵式）（日经建筑师．建筑评价讲座［M］．日经风云社，1996）

（1）项目说服力：包括项目的现实性、未来性、创造性以及设计相关者。项目第一表现为以什么目的建造什么设施；第二表示编制或者修改设施内容和目的。如果把规划比作软件，则项目就是软件和硬件。
（2）主题说服力：设计者从已知条件中设定作品的主题，要做到主题的正确性与诉求力。是否与主题同感，是否感到主题提交人的坚强意志，主题是否反映了时代性（时代精神、思想、价值观）等是主题的要点。
（3）主要表现（建筑表现）正确性：主要表现以外部组成、平面、内部空间、构造等为设计主轴，连接主题和设计。也 就是对确定的主题赋予适当的设计。表现的正确性、历练程度、难易度、饱满度等是主要表现的要点。
（4）次要表现（周边表现）正确性：次要表现以装饰、家具、标识、艺术点缀等为设计主轴，它的正确与否体现主要表现与次要表现之间的平衡关系。
（5）环境贡献：重点放在景观布置（城市、田园、自然）、与周边关系、公共性、环境评估要素、亲生态等方面的贡献度。
（6）对历史的敬意：重点放在是否继承了该地、该街区、该处的建筑历史。
（7）安全：评估地震、风灾、火灾、入侵、建筑物内部事故等的对策，是否考虑得当。
（8）便于使用：评估其功能性、实用性、舒适性、维护管理便捷性等。
（9）对时间的应对力：评估是否具有耐久性，设计的长久性与风格，应对变化的可塑性（使用方法和平面）等。
（10）设施的魅力：评估在空间、设施内容、服务、运营对策等方面是否具有魅力。
（11）人们的眷恋：评估是否具有人气，是否被眷恋，是否被珍惜，建筑是否长久生机勃勃。
（12）故事性（话题性）：建筑物和设计者是否被当作话题，或者建筑物和设计师是否具备了成为话题的可能性。设计者的故事性等同于作家性，作家性通常以为工作室第一、组织机构第二的形式出现。
（13）对创造物的感动：评估当来访客人是否被感动。

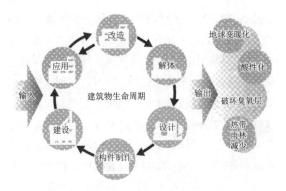

图3.27 办公区的环境负荷（日建设计，如今的办公，2000）
从设计、构件制造、运输、施工、使用、改造到废弃的整个寿命周期，对
环境产生负荷。

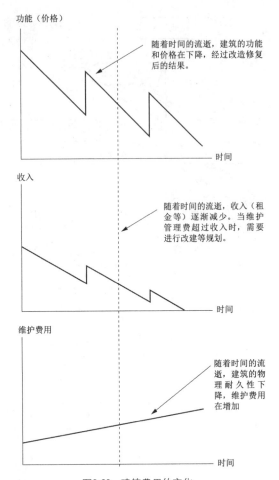

图3.29 建筑费用的变化
支出超过收入时的时间与改建的关系。

（3）评价的多样性：评价建筑设计的难点在于评价内容（或者从管理角度评价建筑性能和质量）和建筑主体的多样性上。与建筑相关业者都可以是评价主体，例如：包括利用者和管理者在内的建筑使用者、建筑的所有者、虽不是实际使用但关心公共设施的市民和路经此地的行人、持有国际性观点评价日本建筑的外国人等，评价相关者各式各样。

总之，建筑评价应该是多方面的。到目前为止，建筑评价采用过各种评价方法。评价方法通常由专业角度提出，例如："日经建筑师"编辑部提出的建筑评价方法，着眼于建筑的艺术性和话题讨论，属于综合性评价方法之一。

屋顶绿化

生态角

风力发电

图3.28 为地球环境做出贡献的集合式绿色表层住宅
（世田谷区深泽，环境共存住宅，1998）

（4）存在诸多问题的设计：新闻等普通媒体的评价，有时牵涉建筑的本质性内容。例如：北日本新闻（富山），针对北陆公共建筑，采取现场采访形式列举不顾居民的期望和无视地域利用者的功能性条件的众多建筑。指出：老年人和残疾人设施只配做用餐和睡觉，没有做到人性化空间；项目所在地远离城市街区相对闭塞；学校设计千篇一律；政府大楼封建意识浓厚等，质问公共建筑建设为何偏离利用者本位。建筑当然可以实现艺术等超越性价值，作为现代市民社会建筑，也要迎合社会民意。建筑要符合使用者的需求，必须具备透明性（责任和义务）。前面阐述的各种条件下的规划制定等是实现透明性的有效途径，今后一定要普及推广。这是体现设计公共性尤其是展现地域公共设施建筑设计的最重要的前提。

（5）建筑的后评价：以利用者为对象的建筑建设，通过利用者对建筑的评价，实现建筑设计的不断改进。日本建筑研究主张的传统的使用者调查、美国的建筑后评价方法（post occupancy evaluation，简称 POE）（该方法一直作为建筑规划方法议案），是具有代表性的利用者评价方法。

既满足市民期待，又能使功能性最大化，理所当然是最好的建筑。当今的建筑应该是减少环境负荷的绿色建筑，要求高效率低成本。换句话说要求建筑节约资源、节省成本、性价比高的新功能设计。绿色建筑不仅要求降低废气排放等直接性环境污染，而且还要求改善采暖空调等高代价空气调节，降低建筑所在环境的热排放。

建筑成本由建筑规划与设计、施工等生产成本、竣工后的使用成本即维护管理成本组成。所有成本总和称为建筑寿命周期成本（LCC）。LCC 的低成本关系降低使用者的负担，必须综合性的思考如何降低其成本。实现 LCC 的低成本，在建筑设计规划和设计中，系统的分析与成本相关的因素非常关键。例如：在空间构成上，应避免不必要的平面规划，把空间优先分配给关键的使用功能（如：减少通道面积，提高房间面积比例和使用效率）。要做到这些当然要求具备丰富的经验。不过，成本毕竟不是最要紧的条件，为了降低成本而牺牲人性化条件的设计规划是绝对不可取的。

1959年，时任美国总统肯尼迪，组建总统咨询委员会，解决建筑障碍剥夺残疾人的就业和受教育机会的问题。无障碍设计也由此开始。在这以后的1961年，美国标准协会发表了有关身体障碍者方便使用建筑物和设施的标准说明书。其内容涉及走路残疾人、拄拐杖残疾人、视觉残疾人、听力残疾人、运动调节残疾人、老年人等的使用建筑物的有关设计标准。

自美国的标准说明书发布以后，英国于1963年、加拿大和澳大利亚于1965年、瑞典于1969年相继发布类似的建筑标准，世界各地陆续出台相关建筑标准。

但是，尽管美国为首的世界各国都发布了标准，由于内容相差较大，很有必要发布统一的、共同使用的标准书。于是，1968年在芬兰召开的国际康复协会会议上，提出了世界通用标准。

该国际康复协会于1968年通过了有关残疾人也能方便居住的街道建设决议，1969年又通过了有关建筑物采用供残疾人使用的国际性标记的决议并研究和讨论使用国际性标记的最低要求。但是由于各国早已确定各自的建筑尺寸，很难达成统一的意见。为此，国际康复协会在1969年，针对残疾人相对容易使用的建筑物，制定了将轮椅纳入设计的象征性标志。而且提出了以下若干符合象征性标志的最低要求。

（玄关）：保持与地面持平或者采用坡道代替台阶或者台阶之外另行设置。（出入口）：宽度要求80cm以上。设有旋转门时，并列设置其他入口。坡道的倾角要求1/12以下。通道和走廊的宽度要求130cm以上。（厕所）：布置在容易使用的位置，设置单独外开门，内部设置扶手。（电梯）：出入口宽度达到80cm以上。

在日本，自1963年开始，由吉武泰水、佐藤平等人牵头，相继提出了若干标准尺寸。不过在这里，仅对1994年9月建设省"有关促进老年人、残疾人顺利使用的特定建筑物的法律"进行阐述。

针对无障碍设计标准，美国建筑师兼工业设计师伦·梅斯，在1970年提出通用设计思想。无障碍思考方式，把障碍作为设计前提，试图从所有相关环境中去除其障碍。相比之下，伦·梅斯倡导的通用设计，要求设计之初消灭障碍，是100%的人都能使用的思考方式。以下是通用设计的若干基本思考方式：

1）通常以不设置障碍为基本前提；

2）自始至终保持同一概念，对其实现方法不做规定；

3）以适应各类人为目标，要求具有一定的柔韧性；

4）在设施（空间）使用上，以人人平等为原则；

5）以每个人都使用方便为原则；

6）以使用简单，没有特殊说明也能直接使用为原则；

7）以出现使用错误的概率很小，即使出现使用不妥当，也不能发生破坏，威胁安全为原则。

在日本，不仅在建筑领域，而且在洗发、纸币、电话卡等方面也在积极应用这些思考方式（参考文献：浅野房世,龟山始,三宅祥介.为人建造容易使用的公园 [M].鹿岛出版会, 1996）

	基础性标准	诱导性标准
出入口	○净宽80cm以上 ·门采用自动开启或者轮椅使用者容易通过的构造 ·不得设置阻碍轮椅使用者的台阶	○净宽90cm以上，至少一个以上出入口120cm以上 ·至少一个以上出入口采用自动门，净宽达到120cm以上，能够由轮椅使用者自行开启 ·不得设置阻碍轮椅使用者的台阶

续表

	基础性标准	诱导性标准
走廊	○表面采用粗糙防滑材料 ·设置台阶时，以楼梯为准 ·在地面直接通过的出入口处走廊，至少其中的一个遵守如下构造： ·净宽要求 120cm 以上 ·有高差时，设置坡道或者轮椅专用升降机 ·连接升降机入口的与出入口平行的区域必须是水平的 ·在走廊端部以及每隔 50m 设置轮椅可回转空间 ·在地面直接通过的出入口至少其中的一个要设置盲人步道	○表面采用粗糙防滑材料 ·设置台阶时，以楼梯为准 ·不特定多数人由地面直接通过的出入口处走廊，遵守如下构造： ·净宽要求 180cm 以上 ·有高差时，设置坡道或者轮椅专用升降机 ·连接升降机入口的与出入口平行的区域必须是水平的 ·在走廊等墙面禁止设置突出物 ·在适当的位置，设置休息设施 ·从出入口到服务台的走廊等处，要设置服务于视觉障碍者的盲人步道或者声音引导装置
坡道	○坡道以及休息平台选择以下构造 ·净宽要求 120cm 以上（并行设置台阶时，要求 90cm） ·坡度要求 1/12 以下（当坡道总高度 16cm 以下，可以取 1/8） ·总高度超过 75cm 以上的坡道，每 75cm 高度以内，要设置长 150cm 以上的休息平台 ·坡道应设置扶手 ·表面采用粗糙防滑材料 ·与坡度连接的走廊等处，应容易识别 ·与坡度上端连接的走廊等处，应铺设容易引起注意的地面材料	○坡道以及休息平台选择以下构造 ·净宽要求 150cm 以上（并行设置台阶时，要求 120cm） ·坡度要求 1/12 以下 ·总高度超过 75cm 以上的坡道，每 75cm 高度以内，要设置长 150cm 以上的休息平台 ·坡道在同一平面交叉时，应设置长 150cm 以上的休息平台 ·在坡道两侧设置扶手 ·表面采用粗糙防滑材料 ·与坡度连接的走廊等处，应容易识别 ·与坡度上端连接的走廊等处，应铺设容易引起注意的地面材料
楼梯、休息平台	○应设置扶手 ·主要楼梯不采用旋转式 ·表面采用粗糙防滑材料 ·踏步立面和平面采用容易识别的、色差较大的构造，防止磕到或绊倒 ·与楼梯上端连接的走廊和休息平台，应铺设容易引起注意的地面材料	○净宽 150cm 以上，踏步高 16cm 以下，踏步宽 30cm 以上 ·两侧设置扶手，主要楼梯不采用旋转式 ·表面采用粗糙防滑材料 ·踏步立面和平面采用容易识别的、色差较大的构造，防止磕碰或绊倒 ·楼梯上端和休息平台，应铺设容易引起注意的地面材料
电梯	○电梯采用如下构造 ·轿厢面积 1.83m² 以上，进深 135cm 以上 ·轿厢内没有妨碍轮椅回转的设施 ·轿厢内应表示现在的位置和下一个停止位置 ·电梯门宽 80cm 以上 ·视觉障碍者也能容易使用制动装置 ·电梯厅的宽度和进深 150cm 以上	○电梯采用如下构造 ·轿厢面积 2.09m² 以上，进深 135cm 以上 ·轿厢内没有妨碍轮椅回转的设施 ·轿厢内应设置能够表示现在位置和下一个拟到达层的装置 ·要设置通知井道防护门和轿厢门关闭的声控装置 ·电梯门宽 80cm 以上 ·电梯厅的宽度和进深 180cm 以上
厕所	○设置轮椅使用者专用厕所 ·出入口门净宽 80cm 以上 ·男厕所要设置一个以上坐便器	○设置轮椅使用者专用厕所门，净宽 80cm 以上 ·男厕所要设置一个以上坐便器

4. 促进设计规划的建筑规划方法

在建筑设计规划的各个阶段，肯定会遇到必须解决的问题，并且问题未必具有规律性。也有很多学者在探讨新规则下的解决方法。也有如同预测利用者的特性和规模等定性的问题。作为设计规划方法，它必须是更新更合理的解决问题，才能改进以前建筑的不足。与建筑的其他技术领域一样，建筑技术者也在不断面对新的挑战。在这里，学习和了解这些方法。

4.1 作业流程：从设计规划到设计

建筑设计由计划、规划、设计组成。设计规划需要进行两个阶段的工作，其一是整理设计条件，做计划，组合建筑功能（或者制定计划）；其二是进行规划，形成满足条件的建筑空间或者创造空间形式。整理建筑的基本功能，确定可行的建筑在计划不充分的情况下，进行规划以及最后的设计工作，有可能抑制建筑基本功能，需要慎重。

完成设计规划以后，进入最终的设计阶段。这里所指的最终（狭义设计），是指完成建筑内外形态和表层设计。设计规划完成建筑的骨骼形状，由详细设计进行贴肉，从而形成建筑。

a. 从计划开始的设计规划

设计规划就是整理设计条件，进行建筑的功能性条件组合的制定项目（或者制定计划），创造与计划相适应的建筑空间（规划）。

（1）作业与建筑类型：进行设计规划，首先要进行建筑计划（建筑物的组成与性能计划），熟悉包括建筑所有者和运营管理者在内的使用者的要求与条件。实施计划就是构思与建筑相关的人类活动架构，把建筑的功能性条件转化为空间构成的工作。常见的建筑计划，要研讨不同建筑所需的各种房间需求，制成表格为佳。具体地说，要继承由历史形成的建筑类型。例如：学校就要选择学校建筑，集合式住宅就要采用公寓和小区建筑，医院就要选择医院建筑等。定型的建筑有固有的历史和传统以及技术，所需房间、规模、空间构成等计划内容，可

以依据这些制定。例如学校建筑，教室、体育馆、员工办公室等房间和儿童、学徒所需的房间面积以及房间之间的连接等都有一套相对固定的空间构成。

（2）创新驱动：过去的建筑制作方法存在缺陷。在制定建筑运营方法等计划时，基本设计条件有可能发生变化。会出现没有被设计从业者和设计者所重视的隐形条件，或者有必要对未知的建筑使用方法进行探讨和计划。此时，计划肯定和过去不一样，建筑设计也会重新得到整理，其结果必然反映到拟建建筑上。依据重新整理的计划，决定拟建建筑特色，需要创新意识。

如何进行设计条件整理和通过计划进行建筑创新呢？例如：最近的学校建筑，不是把学校的设计条件单纯地与教育和学习相对应，而是延伸到把学校当作孩子们的生活场所。不是只盯住教室和员工办公室空间面积，而是把视野扩展到连接交通、强调外部空间的重要性，把学校建筑当作丰富孩子们生活的教育空间。此外，集合式住宅规划也是创新建筑较好的案例。以往的公寓和住宅以及把它们集合在一起的小区或者新城，多数采取把相同住宅（专业用语为住户）重复组装后并行排列的方式。这种方式没有考虑住户（它是组成街区居住环境与景观的基本单元）的特点和个性，没有考虑使居住者安心的外部空间因素。为了解决上述这些问题，新形式、新形态的集合式住宅设计正在兴起。

b. 设计规划作业方法

（1）预测使用者需求：满足使用者功能需求的建筑设计规划，必须把握不特定多数使用者的建筑需求。特别是，对不能事先设定利用者的地域公共建筑，预测使用者需求是建筑设计规划的基本作业，必须把它当作一门技术对待。整理使用者的需求是设计规划的初始工作，必须对使用者主体怀有敬意，

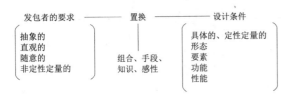

图4.1 从发包者的要求到设计条件

进行各种需求的整理工作。

对于不特定使用者，通常要预测不同人口特性以及人数（使用时间和使用要求），首先需要确定设施利用范围和进行区域人口调查。确定设施利用范围可以参照学术报告和类似设施的使用业绩等资料。人口及其特性调查，是最重要的设施计划数据，可以翻阅学术调查资料。对全部使用者进行调查，从经济上、时间上都会困难，因此多数采用统计性的推算方法。

（2）不确定因素的定义：在建筑创造中，把

所有需求整理成规划条件，事先予以确定是比较困难的事情。所谓设计，其实就是解决不确定因素（ill-defined problem）或者厌恶的问题（wicked problem）以及正好相反的可定义问题（well-defined problem）的过程，是发现条件的工作。推进设计进程，不仅要采纳使用者的需求，而且建筑技术者要作为主体确定问题条件，积极提出解决议案。尤其是在建筑目的问题上，要积极参考学术调查资料，直接倾听居民等使用者的诉求。

（3）已知条件计划：在设计规划过程中，保持使用者与建筑技术者的良好关系，在宏观上设定已知条件，再进行适当分解和改进，最终作为建筑条件，进行实施设计。这是惯用的方法。例如：在办公建筑中，提出保证办公功能的持久性问题。针对这个问题，不是急着提出具体的应对方法，而是把"办公室功能的耐久性"列为已知条件子项，在实施建筑设计时，审查是将"办公室功能的耐久性"列入计划当中。这种方法称为已知条件计划方法（是以往的列表确认方法的发展型），它是以使用者的需求为基础，在设计主体中附加一定的约束，并引导设计方向。适用于集合式住宅计划的方法是，在设计的每一个阶段改进已知条件，明确设计责任（说明可行性和透明性）。尤其在公共建筑设计计划中，设计责任更能反映公众的参与权利，表达公共团体的知情权，保证信息的公开透明。使用者参与或者主导建筑建设，已经成为地域公共设施和集合式住

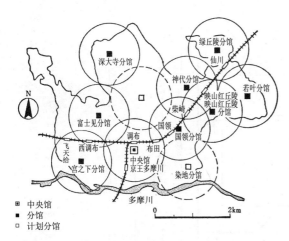

图4.2 预测使用范围的图书馆布置（现状与计划）
（栗原嘉一郎等. 地域公共图书馆计划 [M]. 日本图书馆协会，1977）

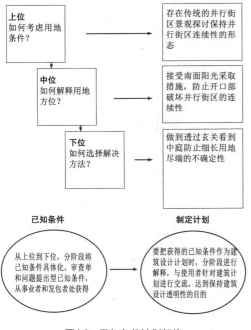

图4.3 已知条件计划架构

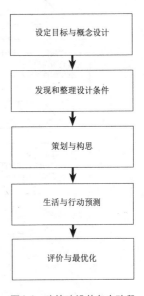

图4.4 建筑建设的各个阶段

宅建设中的普遍做法。

（4）建筑设计阶段：设计计划到详细设计的流程可以划分成以下 6 个阶段（参照图 4.4）。其中属于计划阶段的内容有：①设定一般性目标，②发现和整理设计条件；属于规划阶段的内容有：③空间构思和计划与规划之间的相互反馈，④使用的预测与评价，⑤目标与设计条件反馈；属于最终详细设计阶段的有：⑥设计的具体化以及分解。①所讲

的目标设定，不仅指建筑功能，而且还指设定建筑的综合目标，包括通常所说的概念设计作业。需要强调的是，概念设计必须抛开功能性建筑驱动，要用语言定义建筑的美和设计理念。近年来，概念设计已经成为建筑最初作业中不可或缺的一部分。针对初步设定的、包括概念设计在内的目标，需要整理②中所讲的设计条件，着重调查不特定多数使用者的需求。可以得知看起来单纯的条件需求，其多

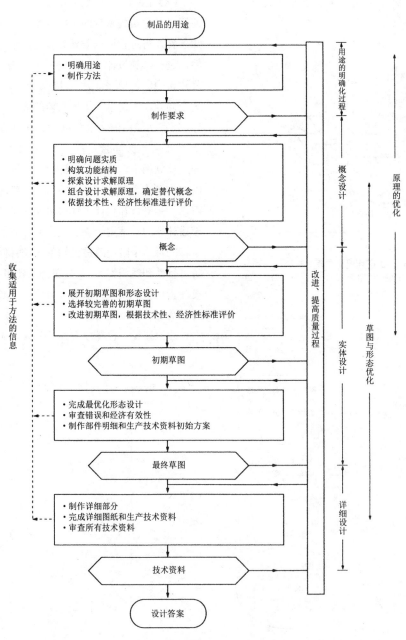

图4.5　设计过程模型（吉川弘之等．新工程学知识1：技术知识相位［M］．东京大学出版会，1997）

数在复杂的项目中都是成立的。因此，仍然可以暂定条件，进行③中所讲的空间构思。设计条件不仅有使用者的需求，还有建筑硬件性条件，构思必须在综合设计条件下进行。在构思的过程中，会出现更加优秀的理念，需要进一步深化原有的设计条件。如此反复下去，或许重新回到①或者②等阶段，设计作业不断向前推进。

正如前面所讲，不是在各个阶段完毕再进入下一个阶段，尤其是④和⑤阶段，必须相互设定问题和相互反馈，才能推进设计。

此外，在各设计阶段确定的技术未必是丰富的，建筑担当者（也许是策划者也许是设计者）每次遇到问题，会采取新的解决方法。如在②的设计条件整理中，前述的掌握不特定多数使用者需求的调查分析技术；如在③的空间构思技术中，CAD 的自动设计技术、空间的最佳布置计算和探索以及空间的感性工程学等（参照 7.3 节、7.4 节）；如在④的利用的预测和评价中，使用电脑模拟人的移动，尤其是人员紧急疏散的预测模拟技术和多目的评价系数优化技术等。期待今后出现更多更好的技术（参照 7.4 节）。

（5）工程学设计方法：对比工程学相关设计学和建筑相关设计，可以发现两者之间存在若干相似之处，建筑设计在综合性上，表现出较明显的特性。工程学设计大致经过：明确顾客需求、确立所需条件、制作说明书、确定签订合同时未确认事项、基本设计、详细设计、制造等工作过程。其中的制作与要求以及条件相对应的说明书，不同于建筑设计方法。在建筑设计中，该项工作是形成设计条件。而建筑设计明确设计条件之后并不是一成不变的，以不改变为设计原则的方法行不通。通常都采取随着设计工作的深入，不断追加重要的设计条件，这些因素往往影响最终的设计成果。这就是为什么常说建筑设计问题不好事先全部定义的原因（ill-defined problem）。

（6）设计说明：在工程学中，通常可以利用说明书进行性能、成果评价。在建筑设计中也在尽可能多利用设计说明进行性能评价，不过未必能够做到全面评价，而且追加的重要条件，不确定因素多，无法作为评价对象。在建筑建造中，从建设管理和生产经营角度，制作国际通用说明书的研究一直在进行。说明书作为建筑生产的设计说明，要努力解决设计过程的特殊性，需要今后的不断探讨和磨合。

4.2　建筑的使用安排和布置

把握人类活动与建筑的关系，是制造便捷设施的第一要素。人类在建筑中的活动，是各种活动的总体概括，根据建筑种类的不同，各自表现出特殊性（参照 1.2 节）。例如：住宅中的日常生活，学校里的学习和接受教育，机场里的旅客到达和办理手续及搭乘等活动。设施的使用安排和布置，作为运营设施的一部分，可以认为是广义上的设备管理工作。

在与建筑空间形式的对应关系上，由于人类活动具有个性，不能采取千篇一律的空间形式，时刻注意人类活动的二元性。

（1）两种类型的使用者：在建筑中，通常存在两种类型的使用者，就是使用者和运营管理者。针对使用者类型，建筑空间也分割为二元或者区块化。也就是说，小型建筑把表面作为接受服务的使用者空间，把内部作为提供服务的运营者空间。而大型建筑则随处设置二元分割空间，甚至把运营者和使用者分层管理。例如：在小学校，把空间基本划分成校长、员工办公区域和儿童活动区域，在教室单位内部也划分为教师和儿童区域。这种空间分割，可以保障建筑的使用秩序和人类的有序活动，是建筑设计原理。

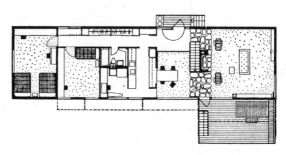

图4.6　考虑使用特点，将住宅分成两部分：M·弗洛伊亚私宅（1950年）

明确划分公共区域和私人空间。包括该住宅在内，M·弗洛伊亚的二核心住宅概念，给现代日本住宅带来了很大影响。

两种类型的使用者　　　　　　表 4.1
建筑物接受服务的使用者提供服务的使用者特点
办公楼来访者店员、管理者（所有者）有组织行为
市政厅来访者（个人、团体）接待、办事人员、管理者、其他多目的性、随意性来客接待
商　店客人店员、售货人、经营者接待随意性顾客
教　堂信教徒志愿者、管理者、牧师有日程安排的团体仪式
餐　厅客人女服务员、厨师、清洁工、管理者、老板接待随意性顾客
小学校儿童、父母兄弟教师、厨师、清洁工、校长复合年班级的团体化行动
工　厂劳动者监督者、清洁工、管理者、老板有组织性的自由化行动
综合医院住院患者，
门诊患者，家属医生、护士、助手、厨师、
管理者对各式使用者提供 24 小时服务
旅　馆客人女佣人、厨师、清洁工、会计、管理者对住店客人、来访客的服务
大　学学生教师、厨师、清洁工、管理者研究、教育、学习场所
未成年收容站收容者、家属养父母、教师、厨师、清洁工、
管理者24 小时日常生活监护
美术馆观众、听众学艺者、办事者、作业者、管理者接待各式各样的使用者
图书馆阅览者、听众图书管理员、办事员、作业者、管理者接待各式各样的使用者

（2）所需房间规划：使用者根据其行为（能动性），要求相应的空间，而建筑必须为该行为提供必要的场所，这就是所谓的建筑所需房间规划。规划必须确保该行为动作所需的尺寸、面积以及体积，确保所需的光、热、空气、声音等条件。这不仅表现在单纯地功能性一面，还要从生理上、心理上、文化上一一对应（参照 3.5.d 项）。

（3）规模规划：确定建筑的规模和尺寸时，要

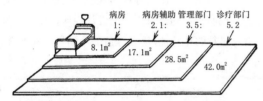

医院案例（欧洲）
据统计，一个床位所需相关面积：病房8.1m²，病房辅助为17.1m²，管理部门28.5m²，诊疗部门42m²（Neufert：Architects Data，1947）。

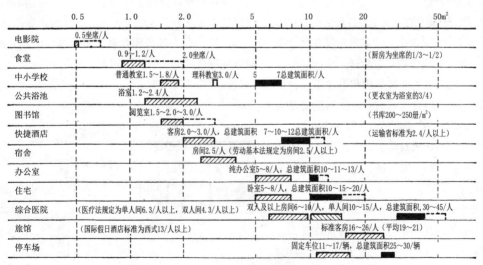

各种建筑物所需面积标准值
从统计性平均值可以计算使用者人均（或者使用单位）所需面积。每栋建筑物的所需面积都有以下差别：当有法律规定时，通常偏差较小；当法律没有限制时，偏差较大（片仓健男. NHK技能讲座［J］，建筑师）。

图4.7　基本单位

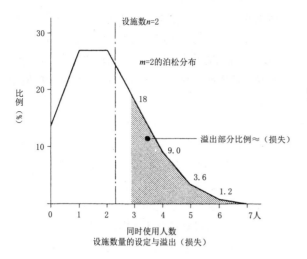
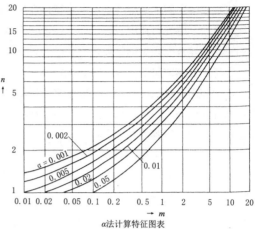

α法计算特征图表

运用 α 法的规模实际计算（办公楼所需便器计算）：

以办公楼所需便器计算为例，介绍 α 法的计算方法。

目的是求得平均同时使用人数 λ（与上图中的 m 同义），以下按顺序说明男性小便器的数量计算。

①计算使用总人数

假设办公楼标准层有效面积为1000m²，人均所需面积为10m²/人，则：

楼层总人数 =1000÷10=100人

假设男女比例为6：4，则男性为60人，女性为40人

②计算平均同时使用人数

平均同时使用人数 λ 可按下式计算：

$$\lambda = M \cdot \tau \cdot \mu^{-1}$$

式中 M：使用总人数；

τ：平均使用时间；

μ：平均所需时间间隔。

根据经验统计，男性小便场合，m=30s，μ=150min。则，

λ=60×30/（60×150）=0.2

③根据 α 法计算特征图表，计算设施数 n

此类设施 α=0.001，查表得到 n=3

④考虑外来到访者使用时，可以增加10%。就是把 M 增加一成。而且要记住使用厕所是随意发生的情况。随着上班时间的持续，会出现使用厕所的小高峰时段。因此，确定设施数量时，要留有余地。

⑤如前所述，使用人数增加一倍，不等于把便器数量也增加一倍。当标准层面积2000m² 的办公层，按照上述计算时，m 值为0.4，得 n 值为4，也就是说只需要增加一个便器

就可以满足需要。把上面的计算过程和结果归纳成以下表格。

办公楼楼层面积	有效面积1000m²		
办公人数	10m²	1000÷10=100人	
男女比例	60%		40%
男女人数（M）	60人		40人
便器种类	男性小便器	男性大便器	女性便器
平均停留时间（τ）	30s	400s	90s
平均使用便器间隔（μ）	150min	3000min	210min
平均同时使用人数（λ） $\lambda=M \cdot \tau \cdot \mu^{-1}$	λ=60×30/（60×150）=0.200	λ=60×400/（60×3000）=0.133	λ=40×90/（60×210）=0.286
溢出率（α）	0.001		
所需便器数（n）	3个	3个	3个

图4.8 α法（建筑规划教科书［M］. 彰国社，1989）

考虑使用者的活动和数量，选择适当的尺寸和面积或者体积。当确定使用者的人数、使用要求和使用时间等数据后，就可以根据使用者的需求，确定设施的规模。所采取的方法，随着规划对象的性质不同而不同。

确定尺寸时，根据使用者的身体尺寸和动作范围确定并留有余地（参照 3.5c 项）。规划具体个数时，要考虑使用人数和使用时间的差异，如果留的余地过多过大，会造成建筑方无谓的浪费。因此，要掌握好平衡点。依据目前的研究成果，诸如便器、电梯等数量，完全可以按照定量的确定方法来计算（如 α 法）。

进行建筑空间的面积规划，采用统计性平均面积比较有效。图表资料中，都可以参照以往类似建筑的平均总建筑面积。确定建筑容积时，对音乐厅等需要考虑音响效果的建筑，要求采取特殊的方法。此外，对使用人数较多的设施，除了要考虑环境工程空气净化以外，还要注意使用者的生理和心理的压迫感，确定建筑容积时，要留有余地。

（4）动线规划：使用者在建筑内的移动是与其目的相对应的。房间等空间的活力和与之相连的通道布置，对移动的效率和秩序有很大影响。这就是动线规划需要解决的问题，动线规划是保证建筑功能的基本要素。动线规划不仅要考虑距离关系、网络形态、人的循环往复，还要考虑心理因素等问题（参照 3.5d 项）。动线就是人的移动和物品等的搬运通道。合理的动线规划，无论是在何种场合，历来都是以不损失面积效率为原则。不过，规划动线时要考虑多种因素。例如：在走廊规划中，只考虑人移动最短距离，则给诸如移动途中站着说话或者

休息片刻等需求带来不便。因此，需要在留有余地与合理性之间找平衡点。此外，动线平常用于人的移动，当发生火灾、地震等时，动线就成为紧急避难和救助场所。规划避难通道时，要充分考虑避难距离、通道宽度等空间富裕度。

（5）设施管理：最近以来，有些人认为建筑建设是建筑管理的一部分。设施规划与经营管理关系密切，该技术源自美国，英文名字为 facility management，简称 FM。它是以建立综合性经营管理战略为目的，对建筑和设施进行有组织的运营和管理。FM 不仅在建筑技术层面，而且在设施的使用、不动产管理、新建和改建等中也可以进行规划，是一个非常专业的领域。

正如前面所讲，现代建筑是高度建筑技术之产物，物理性的耐久性得到了质的提高。如何激活和利用建筑特点，有组织的未来规划和建筑等资产的运营规划显得越来越重要。这个时代和社会背景，促使设备管理的诞生。

4.3　空间与形态的方式方法

（1）相互关系：有了一个建筑，就会出现其内部和外部空间。同时，以此为舞台，开始人类的生活。也就是说，人类与建筑内外部空间之间是存在关系的。在同一个用地或者毗邻区域出现其他建筑时，就会出现并行街区。若干个建筑并列在道路两侧，会出现并行街区景观。建筑用地也好，邻地也好，所有的土地都有作为生活舞台的历史，烙有历史印记（脉络），换句话说，即具有其个性。当产生新的建筑时，会赋予新的场所特性，具有新的性格。建筑、人类、空间、街区以及场所性之间相互关联，是建筑设计规划绕不开的话题。建筑建设其实就是在其关联性中添加新要素的作业。在进行添加作业时，谨记不能破坏该场所的历史。激活场所的个性，解决遇到的问题，丰富相互关联性，为场所做出贡献是设计规划的关键所在。

因为建筑就是为人类创造活动场所，因此在空间问题上，争论从来就没有中断过。人们逐渐从近代化对历史和文化的破坏中反省，在设计中开始重视激活场所的个性，把场所性比作历史性的土地

神（genius loci）。尽管与重视形态的设计相矛盾，建筑师们在深刻理解建筑空间意义的基础上，力求回归传统，力求空间创新，注入了许多心血（参照 3.4 节、3.5a 项）。

还有，不仅要重视建筑的功能性，还需强调建筑的视觉性冲击效果，重视建筑所形成的并行街区景观。建筑的材料、结构、色彩、形态等特点，对视觉的意义很大。特别是在建筑规划阶段，决定其建筑形态，意义重大。如何选择建筑形态是 20 世纪建筑建设最重要的问题。建筑师对新形态的探索与创造，今后也将持续。建筑形态特征是以结构规划的构筑技术为前提的，建筑外观的雕刻性取决于如何在结构上下功夫。

依据用途，选择学校、医院等类似的建筑形态。也就是说，建筑形态是某种记号，具有展现功能性的象征意义。因此建筑形态的符号性，与结构技术的直接性、与功能的象征性、与间接影响功能的其他形态等的相似性有关联。建筑符号，第一直接表达结构、材料、色彩（所应表达的意义）；第二间

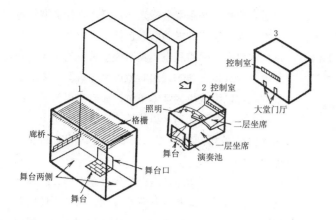

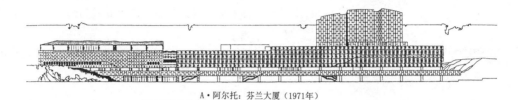

剧场：剧场基本型（建筑学大全：剧场［M］.彰国社，1955）把剧场纵向切开，可以看到巨大的舞台、带斜度的坐席、出入口大堂和控制室等前半部的独特构造。当今的剧场基本型由①舞台，②坐席，③前半部等组成。组成剧场的这些部分，被称为功能组块或者功能区，是建筑的重要因素。

A·阿尔托：芬兰大厦（1971年）
该大厦作为赫尔辛基市音乐厅及会议中心，其组成方式很特别。

图4.9　表达与被表达相互关系

接表达类似机器人、城堡等的较高层次含义（所被表达的意义）。所谓符号学，就是阐述表达与被表达相互关系的学说。在进行设计规划时，把握形态的意义很重要。

（2）形态的创造：前面讲述空间雏形，可以说建筑空间以及其形态创造，对建筑具有重要意义（参照3.4节）。不过它的含义至今还没有完全弄清楚。一直以来，建筑形态重视建筑功能，在设计方法上，强调功能决定形态的伦理观，始终受到质疑。例如：内部空间需要球形空间时，在外观上采取与球形毫无相干的长方体，回避为了形态而形成形态的设计思维。这就是所谓的"纸糊的小道具"建筑，是最被人嫌弃的建筑。

不过，现在的建筑都添加了必要的装饰性要素。它未必是装饰复活，是对功能主义近代建筑的反省，是以综合性优秀建筑设计为目标，在设计中，容忍形态原有的意义。激活形态的意义，尤其是激活其感觉性效果，驾驭建筑建设逐渐成为常态化。出现感性工程学概念，也与之有关。

形态的创造方法就是在解开黑匣子，建筑师要时刻把握时代对建筑的需求，有义务创造符合时代要求的建筑。

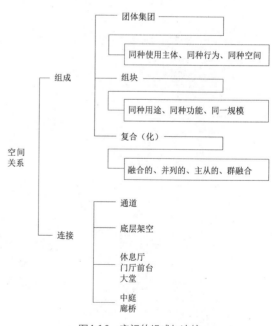

图4.10　空间的组成与连接

（3）单体与群体设计方法（联系与密度）：若干单体建筑集合在一起发挥综合性功能时，被称为建筑群。学校、医院、集合式住宅等随处可见单体建筑聚集在一起的状态。学校校舍聚集在一起，采

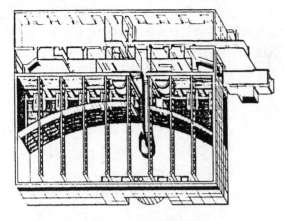

图4.11　连接空间案例:
谷口吉生等"金泽市立图书馆"（1978年）

把架空层作为连接空间，使建筑成为一体。儿童区块与阅览室相分离，解决噪声问题。

取适当的相互联系就会成为建筑群。其他类型的建筑也一样。建筑群内的联系包括：类似功能间的联系、相似形态间的联系、具有楼层关系的单体间联系等，当具备合理的理由时就成为建筑群。类似功能群通常以组或块为基本单位，如学校里的高年级教室组块、医院的病房组块等。在一个组块中，使用者团体是相同的，可以采取符合其活动的规划方法。

单体相互连接时，就会产生联系空间。联系空间分内部联系空间和外部联系空间，都是为使用者提供出入场所。对单体建筑，设计规划必须做到把没有充分填满的空间作为共同的联系空间，以满足需求。

在建筑群规划时，必须关注人们对其容积率、

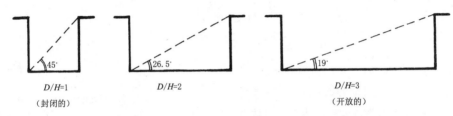

图4.12　D/H要点（参照本章末的专题"与规划有关的各种量指标"中的图6）

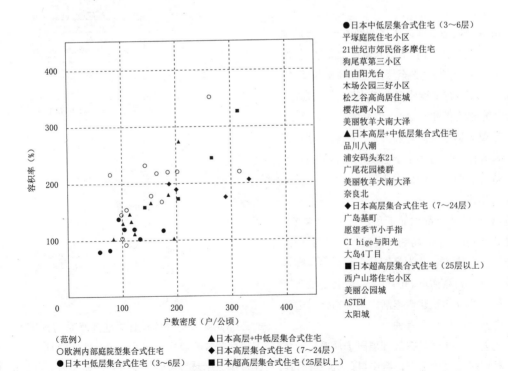

●日本中低层集合式住宅（3～6层）
平塚庭院住宅小区
21世纪市郊民俗多摩住宅
狗尾草第三小区
自由阳光台
木场公园三好小区
松之谷高尚居住城
樱花蹲小区
美丽牧羊犬南大泽
▲日本高层+中低层集合式住宅
品川八潮
浦安码头东21
广尾花园楼群
美丽牧羊犬南大泽
奈良北
◆日本高层集合式住宅（7～24层）
广岛基町
愿望季节小手指
CI hige与阳光
大岛4丁目
■日本超高层集合式住宅（25层以上）
西户山塔住宅小区
美丽公园城
ASTEM
太田城

（范例）
○欧洲内部庭院型集合式住宅　　　　▲日本高层+中低层集合式住宅
●日本中低层集合式住宅（3～6层）　◆日本高层集合式住宅（7～24层）
　　　　　　　　　　　　　　　　　■日本超高层集合式住宅（25层以上）

图4.13　内部庭院型集合式住宅与日本集合式住宅的密度比较

密度的感受。尤其站在群体外部空间观赏外部空间时，群体的体积对人的密度感觉有很大影响。在建筑给予人类的心理性、生理性影响中，虽然未必都能做到恰到好处，但是至少要考虑压迫感、封闭（闭塞）感等恶劣影响。站在超高层建筑下面会感到压抑感。在狭窄的房间和庭院中，会感觉到如同恐惧般的封闭感。如何消除这种心理影响，是设计规划的重要课题。尤其是设计多数使用者聚集的建筑群广场等外部空间时，如集合式住宅小区中形成的住宅群环境即日常生活外部环境等，必须设计为没有压抑和封闭的悠闲空间。

与压抑感和封闭感有关的建筑群，一般通过控制其密度、容积率、高宽比（D/H）等技术指标来解决。

4.4 设计规划的参与

建筑都是在许多人的协作下完成的。业主一旦决定建设，建筑建设就开始了。在决策阶段，要有建筑施工技术者的参与。业主还会设想建筑的使用者。对公共建筑，会设想市民这个不特定多数使用者。如果是民间商业设施，则会设想与营业有关的员工和成为顾客的社区各类人群。

总之，建筑建设需要业主、使用者（包括市民）和技术者等三种相关者的协作和详细分析。建筑建设需要技术者的技术支持，需要政府相关部门的市町村建筑许可，需要律师、代理、税务等除了技术以外与建设相关的社会经济层面的专家协助。对这些内容，本章节一律从简，仅介绍业主、使用者和技术者的协作。

（1）公共建筑设计：所谓设计参与，是指在公共性地域设施、集合式住宅等建筑建设中，使用者、市民参与建筑规划的行为。对公共建筑，由于建设资金来自市民的纳税，自然要把市民的愿望作为规划前提，吸取和整理市民需求作为规划设计原则。之前，市民的要求是通过经市民认可的议员和行政机关来表达，应充分考虑市民的愿望。但是，被制度定型的公共建筑和规划程序，与市民的愿望渐行渐远，不断出现很多问题。市民等具体使用者掀起反对运动，提出对抗方案。建筑技术者也分成两派，一派支持公共团体，另一派则站在市民的立场。在公共设施和公共性集合式住宅建设领域，规划参与在全国各地取得很大的成果。对支持市民立场的技术者，被取消高费用设计条件，经济负担较重。

（4）城市景观：建筑不管是单体还是群体，都会形成街区景观。对建筑形态等外观，行人、临近社区以及市民都会品头论足，议论事业者和设计者的意图，成为居民欣赏的景观。因此，设计意图不能偏离并行街区的基本常识。当然，建筑与城市的有关制度会规范和引导建筑条件。但是，对法律没有明确记载的，可以唤起原风貌记忆和传递历史意义的场所性等的生活、文化条件还很多，设计规划必须倾听它的呼声和期待。在自然中形成的人类历史性景观，都是人类继承传统的结果，都是适应生活的建筑建设的结果。正如前面所讲，现存的任何建筑都曾对地域的形成产生影响，设计规划要理解和活用它的影响力。

（2）参与：在设计规划参与中，市民等参加方式的不同，设计规划的方式方法也有所不同。目前的趋势是，市民等实际使用者从基础性阶段到主体性阶段，成为规划的主导者。站在建筑技术者的立场看，技术者从主导者转变成以使用者为主导的调节者。

[8] 由居民控制	坚强有力的居民参与
[7] 被委托的权力	
[6] 合作伙伴	
[5] 笼络、怀柔	居民的盖章式参与
[4] 意见听取	
[3] 通知	
[2] 康复治疗	不能说是居民参与
[1] 操纵	

[8] 居民对项目、组织运营拥有自治权
[7] 居民一侧拥有较多决定权
[6] 居民与权力者是合作关系，居民有权利和义务
[5] 参与者拥有决策相关权利，权力者保留居民意见正当性判断等权利
[4] 通过问卷调查听取意见，但居民却不知意见是如何反映到计划的
[3] 属于一方通知式信息传达，居民没有反馈意见的机会
[2] 不是以查明本质性的原因出发，而是以安慰居民情绪为目的
[1] 形式上的居民参与，作为利用工具

图4.14　居民参与的8个层级（sherry・anstain）

当建筑技术者不主导建筑建设，而成为辅助者，则要求树立新的技术价值观，仅依靠以往的建筑规划、设计技术经验是行不通的。使用者主导的建筑设计规划，必须把使用者的要求表面化。所要采取的设计条件的整理、方式和方法的表面化，就是典型的新技术。实现愿望的表面化，必须用比较理想的影像资料进行提示、说明和研讨，与使用者团体一起开会研究和讨论。整理设计条件，通常使用C·埃里克森创造的模型语言。以图表形式，表达建筑设计所遇到的各种问题和相应的解决方法。

4.5　建筑设计工作

a. 设计工作

业主发包以后，就开始建筑建设。例如：某市（业主）决定建设市立终身教育中心，采取邀请竞标方式决定建筑设计者。又如：某家族获得住宅金融基金的融资，决定在现有住宅土地上新建住宅，以委托建筑设计友人的方式进行新建住宅设计。此类业主的决定，意味着建筑建设尤其是建筑设计的开始。

建筑设计就是满足业主（发包者）的条件要求，也就是满足发包条件的建筑答案。发包条件不仅是建筑技术条件，还包括其他重要条件。例如：提出工程费用、工期、工程组织架构等与施工相关条件，有时会左右建筑设计内容。

设计者根据业主的建筑、施工条件，同时依据有关建筑、城市规划的法律法规，进行满足条件和要求的设计。法律法规和近邻居住者的要求等业主之外的外部条件，在尊重建筑是业主所有的基础上，采取遵循社会性秩序的原则。满足上述条件后，提交经业主同意的建筑设计。到拟建建筑物所在地市町村建筑主管部门，办理建筑确认许可手续。同时选定建设施工单位并签订合同，建设工程施工宣告开始。不过，日本与欧美不同，建设会社多数是总承包性质，通常采取设计施工总承包的生产方式，同时签订建筑设计和施工合同，不再另行选定建设会社。建设工程对工地周边居住者通常都会带来交通噪声等诸多不便，事先要做好安排，征得他们的理解。

建筑设计者，除了按照业主提出的条件进行设计以外，有时还需要做策划工作。建筑设计发包者有时侯也委托设计者完成设计条件策划。例如：某市举行有关市文化设施整治计划与具体建筑设计相关的方案设计竞赛。从优胜方案中确定建筑条件，再进行实施设计竞赛。可以看出，建筑设计形式是多样的。在实际的建筑建设过程中，有时根据市民的呼声和社情民意改变原建筑事业内容，有时设计者邀请市民参与型建筑设计。总之，无论何种情况，建筑设计除了重视业主提出的直接的发包条件以外，还要熟悉背景，摸准问题，培养洞察社会建筑建设条件的能力，提交优秀的设计方案。

b. 建筑、建筑群规划与设计：从规划到设计的流程案例说明

设计者的主要工作，一是做计划，决定建筑必须具备的内容和特点；二是做设计，把计划进行实体化。

制定计划，要明确把握标的物的内容、环境、运营主体、使用者等信息，使标的物较理想的立足于社会。要使标的物达到较理想的状态，一要符合客观性，二要有创意和改进。

在设计阶段，通过各种草图和模型强化构思，具体实现计划，描绘建筑实体。要客观的验证功能、环境、技术等因素，所完成的建筑空间和形态设计能够独自发挥应有的能力。

计划与设计作业之间，并不是计划在先、设计在后的直线型工作顺序。在实际作业中，两者之间需要反复，两者具有互补性。经过反复，上升到更高一个台阶，使设计作业整体向前推进。计划与设计所面对的作业领域也不是简单的软硬件之分，两者常常互相重叠在一起。

下面，通过"狮子世界馆"和"金泽市民艺术村"设计案例考察，具体讲解设计作业。按照常规，将计划作业分为"策划"和"基本规划"，将设计作业分为"基本设计"和"实施设计"。

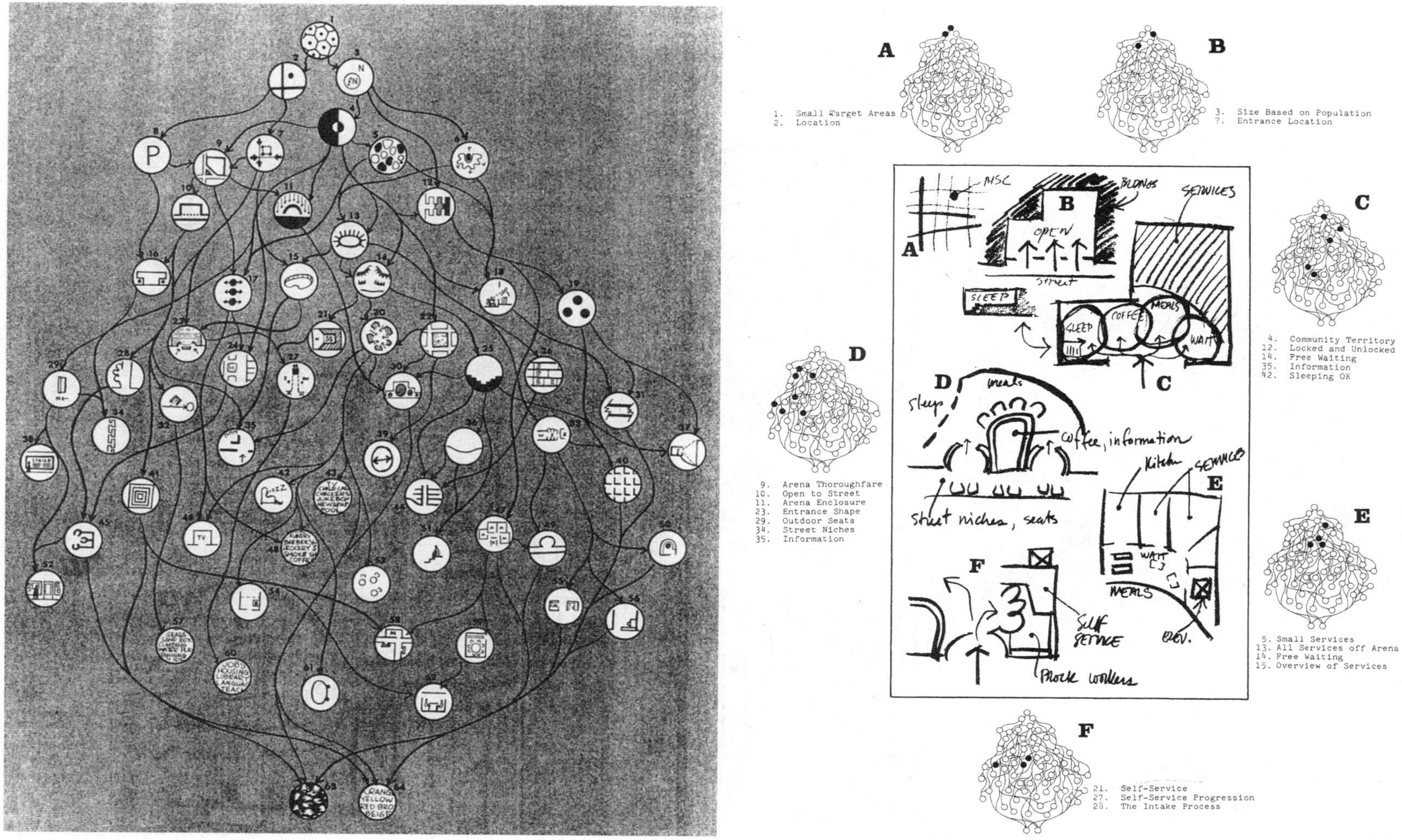

图4.15　模型语言（C·埃里克森. 模型语言 [M]. UCBA, 1968）

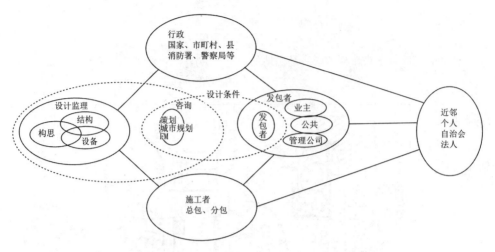

图4.16　大型项目设计关联人员（建筑设计QM，根据日本标准协会表格绘制）

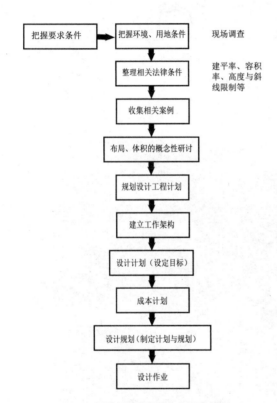

图4.17　设计初期阶段的作业顺序（例）

现场调查

建平率、容积率、高度与斜线限制等

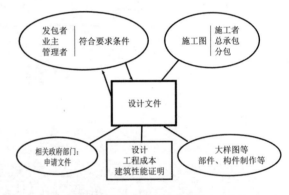

图4.18　设计文件的作用

整理、公开乡土文化，是展览设施。通过地图模型、数据等介绍町域现状，展示节日物品、北国服饰、农林器具等民俗资料，展示干果、腌渍物、铸造等传统物品，展示当地历史年鉴和杰出人物事迹，通常也兼作故乡教育、旅游观光景点等。设施位于商业展销区中心，该中心旨在振兴当地方产业，被称为产业公园。为此，该项目作为产业公园的核心设施，要求体现地域特性并具有吸引顾客的魅力。

为了深化策划内容，与町地方政府当局、町居民一起商讨现有可收集乡土资料、今后持续收集的可能性等问题，反复研究和讨论其他地区乡土资料馆案例。研讨的结果是：现有的町乡土资料对产业公园的贡献度有限，欠缺面向全国的信息传播量和诱惑力。为此，开始研讨可替代乡土资料的新方案，在若干方案当中，"狮子舞"方案脱颖而出，其原因如下：

● 狮子世界馆

（1）改变策划

设计者要正确把握从委托者那里得到的策划意图，仔细读取其内容的质量和数量。从町政府得到的最初策划不是建设"狮子世界馆"，而是"町立乡土资料馆"。建立乡土资料馆的目的是以收集、

- 町里定期举办头顶大型帐篷的有名的狮子舞表演祭。
- 町里拥有著名的狮子头雕刻工匠，是当地的特产。
- 狮子舞文化不仅在日本，在亚洲各国盛行，但都还没有形成系统性产业链。
- 项目所在地的地名碰巧叫作"狮子吼高原"。

研讨的结果，一致认为：项目主题特定为狮子舞，符合地域特性，足可以向国内外传递信息。随即成立民俗学、民族学专家参加的委员会，经过反复论证，明确了把狮子舞作为主题的现实意义，确认了进行调查和收集资料的可行性。从那一时刻起，策划主题从乡土资料馆变更为收集、研究、展示世界狮子舞文化的狮子世界馆。

策划内容的改变，在设计过程中大大小小都会发生。此时，设计者的意见往往起很大作用。因此，设计者必须具备洞察同类设施、掌握地域社会特性、整合项目计划组成等方面的知识和能力。

（2）基本规划

基本规划是把策划内容具体化和确定建筑设计所需的说明书的作业。通常由委托者、专家、设计者组成工作团队进行。

狮子世界馆在建筑规划理论领域，属于主体修辞类项目。近年来，在全国各地陆续兴建了表现地域特性的各类主体博物馆、美术馆、资料馆（例如：和平、八音盒、酒、大马哈鱼、纸牌、魔兽、夕阳、绳文、歌手、作家等）。这些设施统称为主题类设施，由于各个设施在展示、收藏、研究、行为准则等方面存在不同的一面，在进行建筑规划时，必须是有针对性的一一做出解答。

在狮子世界馆的狮子舞文化调查、收集、分析中，得到许多国内外专家学者的协助，并由设计者进行归纳和整理。具体说，组成调查收集团队数次进入当地，考察中国、尼泊尔、印度尼西亚、韩国等6个国家和国内8个地方。每到一处，都可以领会到狮子舞在地域社区祈福、喜庆、纽带、游玩等集会上的神奇作用。每一次的体验都能燃起对地域文化特性的无尽兴趣和对舞者的敬仰以及对热情帮助我们收集资料的当地人的感激之情。作为调查队员更加深入了解和熟悉收集的内容，同时作为设计者描绘了很多当地容纳展品的博物馆空间和外观形

象。感觉工作似乎有些特殊，但也觉得是必须做的工作。

另外，制作所需房间表格是基本规划必须完成的工作。在表格中详细记载各个房间的功能、面积、做法、设备、备件等。还要调查项目所在地的地形、工程地质、植被、气候、市政设施等。

（3）基本设计

基本设计就是把受托的软件内容转化为建筑硬件的作业，是设计者花费最多精力的工作。其工作内容包括：在建筑中引进新概念，给全体赋予秩序的空间组成系统，从出入口到主空间的空间展开和形态创意，选择结构和设备形式，工程概预算和运营管理等。这些作业，很少遵循从基本概念入手到细部构造的作品说明的顺序，而是利用图纸、模型、电脑成像等载体，使所有作业内容呈螺旋状同时并行。临近决策阶段，还面临有时概念处在支配地位，有时空间构成秩序、主空间成为主导力量，有时结构或者细部构造问题突出等情况。即便是概念处在支配地位，既有与规划方案密切相关的策划内容成为强烈主题的情形，也有漫步现场时受到的强烈启发占据主导的情形或者设计者自己一贯坚持的主题成为主导地位的情形。不管遇到哪一种场合，都是通过各种项目的不同对象之间的对话和反复研讨，最终在设计者心中形成核心意念，并以此为基础，使整体设计主题得到收敛和整理。

以狮子世界馆为例，经过各种作业，以下三个意念成为设计主宰：

- 建筑要体现亚洲形象，包括印度、尼泊尔、中国、韩国以及日本都是培育狮子舞文化的国家。
- 主空间不采取类似博物馆的分类展示方式，而是作为狮子们齐聚一堂，欢乐起舞的表演空间。
- 让建筑轻飘飘地落在冰雪覆盖的丘陵斜坡上的一小块带状用地上，仿佛建筑原先就在那里一般。

为了展现亚洲形象，建筑采用木框架，大挑檐坡屋顶，强调建筑的开放性和山岳地带温暖多雨、植被茂盛的特征。以涡纹作为平面和动线的主角，形象地表达狮子的头、躯体以及帐篷。动线的设计思路为：涡旋状迂回登上位于丘陵斜坡上的出入口，

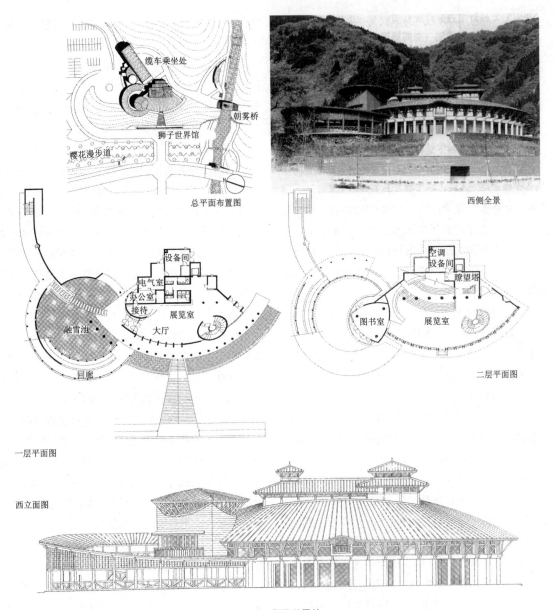

缆车乘坐处

朝雾桥

狮子世界馆

樱花漫步道

总平面布置图

西侧全景

设备间

电气室

办公室

接待

展览室

大厅

融雪池

回廊

一层平面图

空调设备间

瞭望塔

图书室

展览室

二层平面图

西立面图

图4.19　狮子世界馆

绕过前面水池走进建筑物，再通过涡旋状旋转楼梯进入位于2层的主空间。

　　为了方便观看狮子舞表演，主空间平面采用阶梯式扇形平面，屋顶采用贝壳形状，里侧设置日式瞭望台。为了保持原有地形地貌，首层平面采取直接把钢筋混凝土结构嵌入斜面的方法。在立面和剖面规划中，采用木结构框架承载贝壳形状大挑檐屋顶。整个造型实现了轻飘飘的落在地面的设计构思。此外，还布置有顶回廊、融雪水池等空间，展现冰雪皑皑的地域风情。同时尽管建筑规模不大，但通过迂回漩涡等手法，连接公园的各个设施，创造出多个空间和形态韵味。

　　建筑空间与形态，由设计者培育的意志去创造。建筑竣工成为实体以后，空间和形态就开始与人类、环境对话，迸发出安全、舒适、高昂、拒绝、厌恶等各种反应。所以，设计者在设计时，必须经常验证建筑有可能带来的各种能力，这是设计者对社会负责的重要义务。

　　（4）实施设计

　　实施设计就是把基本设计内容转化成可供施工

的设计图纸文件的作业，并以此获取工程许可，签订合同，可以进行工程施工。从策划到设计监理的全过程作业中，需要各种人员的参与和花费较长的时间。其中，实施设计是投入最多劳力和时间的工作。在此阶段，需要构思、结构、设备、外立面、运营等各合作伙伴之间的通力协作，构筑有秩序的整体架构，根据技术和成本条件，完成包括细部构造在内的全部设计图纸。具体确定建筑的各种对比感觉（空间的展开、明暗变化、比例、材质、色彩等）的作业，也属于实施设计范畴。

狮子世界馆外立面设计，试图展现亚洲风景并且使人感觉在当地绿色丘陵中早已存在的印象，在屋顶采用绿色金属板材修葺，外墙采用深茶色当地杉木板和肉色硅藻土。选择这些材质的比例和色彩，虽出自感觉上，但是因人而异，各有不同感受和答案。这种完全依靠主观判断或者有落差的问题，不仅出现在实施设计阶段，还出现在策划、规划阶段中的价值观讨论和基本设计中的审美意识。建筑的规划与设计，不存在唯一的、绝对的解答，一定是存在若干答案。这一点要切记。这个问题并不难理解，在相同理念和内容的设计竞赛中，有多少参加者，就有多少各不相同的设计方案。不过，答案不一定都是正确的，也不是完全对等的。最终确定优胜方案，就是根据价值观、审美观、组成能力等所进行的相对评价。

（5）竣工后

狮子们欢聚一堂的主空间，水池、回廊等漩涡状外部空间，在山腰上静静飘落的外观等，竣工后的狮子世界馆内外部，都表现出强烈的存在感。但是，投入营业以后的第五年开始，出现了软件方面的问题。这一切源自狮子舞文化的调查、收集活动的停止，所展示的内容一成不变没有更新，面临主题意念崩塌的趋向。因此，需要培育专业演艺员，需要对集会、收集、展览等进行新的策划，把事业积极向前推进。设计者是从策划阶段开始参与的责任一方，应反复思考这些建议，积极伸出援助之手。

●金泽市民艺术村

建筑规划设计，不仅体现在新建建筑，在改造、保护、再现、再利用等建筑中，也要进行规划设计。金泽市民艺术村是保护、再利用的案例，在这里介绍规划到设计的全过程。

（1）策划

对某些建筑要求保护、修复、再现和再利用的动机各式各样，一般包括以下三种建筑类型：

· 意匠性、技术性优秀的建筑物，象征时代意义的、具有文化保护价值的建筑物。

· 被市民喜爱的、毁坏有些可惜的、希望今后继续保留的、具有地域特性和眷恋性的建筑物。

· 虽然使用很久，仍然认为不能废弃的，具有保留价值的建筑物。

如何修复和利用被保护的建筑物，其方式方法也多样。与保护的动机相对应，主要表现为以下三种：

· 指定为文化遗产，被严格保护。这种情形不能自由改变，只能延续原先的用途，多数作为博物馆、教学设施使用。

· 保护建筑物外观和主要空间，形象不能改变。这种情况，可以将建筑物改造成餐饮、商业、会所或者会馆等使用。

· 以重复、继续利用为目的的建筑物。这种情况可以进行大规模改造，甚至根据需要可以改变形象。

这些建筑物的保护和利用，与保护地球环境、可持续社会发展、构筑地域多样性、继承传统文化等社会倾向相吻合，今后的需求将越来越多。还有，保护和利用的技术、智慧也在不断积累，可行性范围不断扩大，其内容也呈多样化。建筑物的保护和利用如今已然成为建筑相关者的重要责任。

金泽市民艺术村的前身是位于旧纺织工厂角落里的一个旧仓库。金泽市购入该旧工厂土地以后，市长发现这个即将被拆除的旧仓库拆掉可惜，还能利用，于是下令停止拆除，仓库得以保留。市民艺术村的故事也从此开始。纺织业曾经承载日本产业整整一个时代，它的使命终结以后，包括仓敷的"常春藤广场"和福冈的"运河城－博多"等工程在内，各地都在积极开发和利用原工业旧址，为活跃城市做出了贡献。

该仓库一共有6座，呈一字形排开，每座仓库的大小、高度、屋顶形状、建造年代（大正至昭和初期）均不同。仓库外观污秽不堪，根本谈不上是

图4.20 改造之前的仓库（左）与改造后的市民艺术村（右）

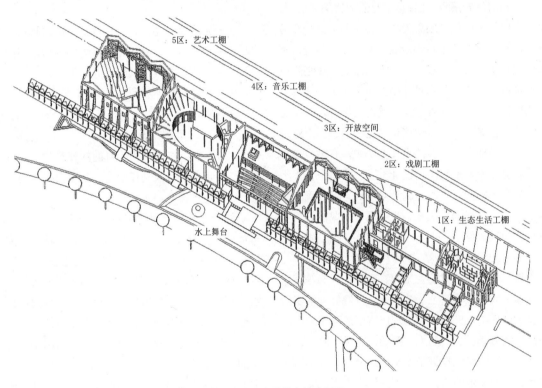

5区：艺术工棚

4区：音乐工棚

3区：开放空间

2区：戏剧工棚

1区：生态生活工棚

水上舞台

图4.21 金泽市民艺术村透视图

文化遗产。高顶棚、少窗户、珈蓝式空间是它的特点。不过，仓库内部密集排列的木结构框架隐藏着美丽的造型。

市政府当局随即决定保护和再利用这些仓库建筑群。成立由表演、音乐、美术、文学、土木、建筑等在职人士组成的委员会，研究有关艺术类利用问题。通常进行新项目策划立项，委员会的主要职责是研讨其内容。在若干仓库利用方案中，受到委员会青睐的方案是，抛开以往美术馆、文化厅所遵循的固定格式艺术发表场所的思考模式，建设一处不拘形式的百花齐放的艺术活动场所，有力支援业余爱好者和年轻人的创作活动。高等学校和大学的艺术团体，可以利用校园内的设施进行节目表演和排练。而金泽市民组织的多数团体想找到一处排练、

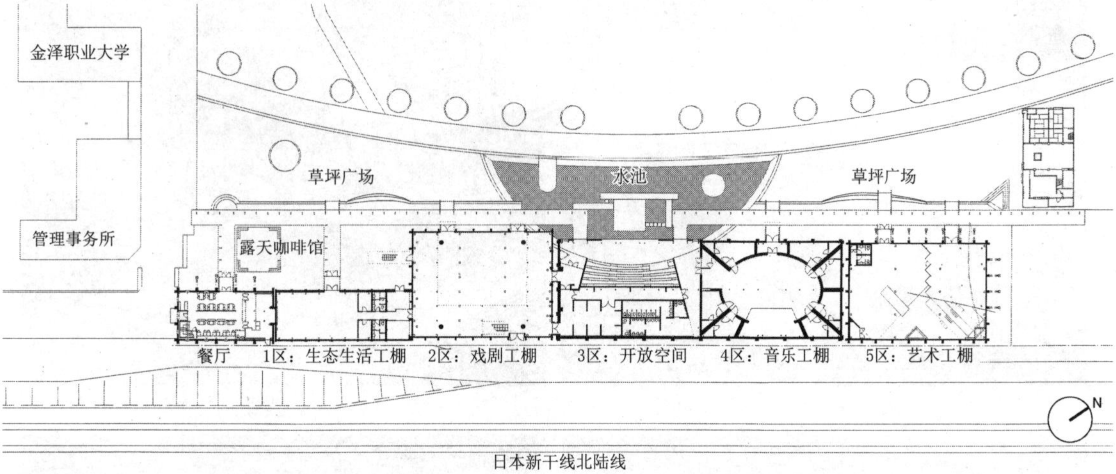
金泽职业大学
管理事务所
草坪广场
水池
草坪广场
露天咖啡馆
餐厅
1区：生态生活工棚
2区：戏剧工棚
3区：开放空间
4区：音乐工棚
5区：艺术工棚
N
日本新干线北陆线

一层平面图

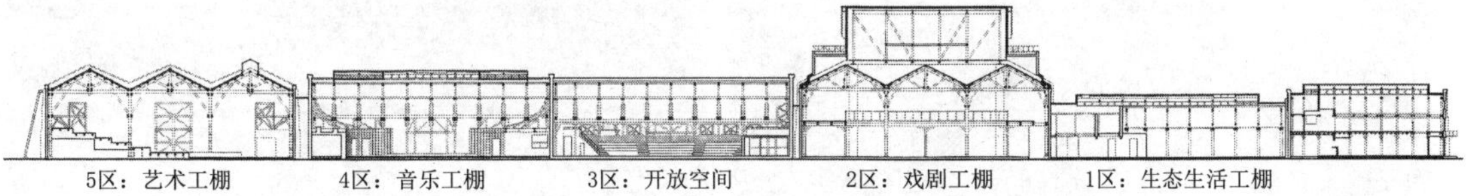
5区：艺术工棚
4区：音乐工棚
3区：开放空间
2区：戏剧工棚
1区：生态生活工棚

剖面图

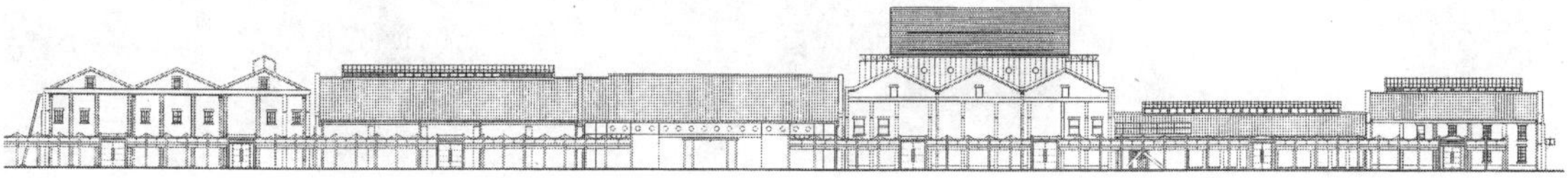

立面图

图4.22

研修、演出的场所，则要大费苦心。艺术村的定位就是为市民艺术类团体提供活动场所。

委员会把艺术村具体划分为戏剧、音乐、艺术、生态等 4 个领域，建议由民间组织负责项目建设和 4 个领域的运营，设施由使用者自主管理为主，一年 365 天 24 小时营业，并且佣金要低廉。可以说这是一个划时代的建议，尽管也有人认为该建议过于理想化，但市政府还是原封不动的接纳了该建议。一方面兑现政府之前对文化援助只出钱不干涉的承诺，另一方面对仓库的重新利用与管理，以政府的宽大胸怀打动相关者的心扉，表达政府当局期待设施的自主、高效利用的良苦用心。这是被保护和再利用设施所具有的最大价值。据开业后的统计，在戏剧工棚安排排练和演出的业余戏剧团体数超过 40 个。这些业余团体的活动时间多以下班、放学以后为主，利用晚间或者使用密度最大的节假日是最好的选择。该设施的终年无休假方案，的确是一个很有效的措施。

（2）基本规划

建筑保护规划的最初作业阶段，由于多数的场合没有现成的图纸和文件资料，由设计者制作外立面、结构、设备的现状图。之后探讨建筑可继续使用的功能。6 座仓库的情况也是如此，通过测量，绘制平面、立面、剖面现状图，进行抗震和构件强度计算，进行样本、设备管线（种类、位置、容量等）的调查。结果是，支撑楼面和屋盖的结构体系均为木结构，四周防火墙 3 座为砖混，另外 3 座为钢筋混凝土，全部为脆弱的幕墙，均不符合抗震要求。设备基本上不能继续使用，需要全部更新。此外，木结构要满足不特定多数者利用时的消防安全要求。还有，新干线列车平行经过，需要采取防噪声措施。

在确定仓库群可以作为建筑物继续使用以后，策划委员会基本规划的中心工作就是，解决如何将

外观

3区：开放空间

2区：戏剧工棚

5区：艺术工棚

图4.23

作为艺术村的活动软件装进6座仓库中去的问题。根据仓库的大小尺寸和活动内容，把仓库划分为餐厅、生态生活工棚、戏剧工棚、开放空间、音乐工棚、艺术工棚等6个区。6座仓库原本就是相对独立、互不干涉，恰好可以各自独立使用。为了连接6座分散的仓库，设置外廊并把位于中央的仓库作为开放空间，赋予休息兼等待功能。

（3）基本设计

设计者在各阶段与各类文化人士共同协作，担负着整理建筑的责任。这种工作方式，最要紧的是需要设计者经常出一些点子，使协作提高一个档次。市民艺术村的情况是，从策划到基本规划阶段，与委员会共同工作。到了基本设计阶段，开始与使用者也就是各工棚的市民组织打交道。设计者认为，把珈蓝般的、均匀柱列仓库空间改造成常见的剧场、音乐大厅、画廊等是很困难的事情。庆幸的是，各工棚组织者非常欣赏精美的木结构造型，惊叹难得

见到高大顶棚、少窗户的美丽空间。至于空间形式和布局，认为可以不采用建筑规划理论倡导的常用型，为设计指点迷津。设计作业渐渐合拍向前推进。这也是保护、再利用工程项目经常遇到的情形。

戏剧工棚只是重新装备吊挂物、照明、音响、空调等设备，其他基本保持原样。空间内不设置固定舞台、坐席，没有后台和帐幕，其整体组成、动线处理、舞台架构，按照新建剧场标准是达不到要求的。进行实际演出时，演员根据剧目决定舞台和坐席布置，自行搭建舞台，并排坐席，支起帐幕，设置并操作音响照明。一个戏剧工棚可以上演10个以上不同剧目，对演艺人的空间设想和手工布局空间的能力，深感佩服。

音乐工棚的平面布局采取个体练习室围合合奏室的形式，没有完全消除的新干线列车噪声也没有成为大问题。工棚管理团体对空间氛围和一定的隔声效果表示满意。

在艺术工棚设计上，为了不使占据1/3面积的收藏库房把空间分开，采用阶梯式画廊，把台阶下面空间用作库房。与常见的平整、四方形、白色的美术展览室不同，该艺术工棚呈立体式空间。工棚管理团体的评价认为，台阶状展示室与造型优美的木结构小屋相似，展示方式独特，激励作品创作。

与艺术工棚一样，开放空间也采取阶梯状地面形式，台下设置卫生间和库房，台上布置分块式客席，营造一个立体多功能空间。

建筑的保护和再利用，必须具备让人喜爱的空间，要把不损伤空间的欢乐气氛放在规划的第一位，其次考虑使用上的方便问题。这样不仅能满足功能需求，有时还能获得超过新建筑的效果。例如：把町屋改造成餐馆、把灰土墙库房改造成小型专卖店、把砖混建筑改造成旅店等，很多再利用项目都得到很好的效果。可以认为，建筑的保护和再利用就是给予建筑获得重新确认其空间原有能量的机会。

（4）实施设计

保护和再利用建筑的实施设计，其内容分两部分。一是对建筑进行加固和补强，以满足强度和功能需求；二是结合新的用途，进行改扩建。金泽市民艺术村实施设计的主要工作如下：

- 对全部墙体和木框架进行抗震加固，根据各仓库的规划，分别采用桁架、H型钢、钢管、钢筋混凝土等材料和构件。
- 保持木框架结构现状，甚至保留位于坐席、舞台的柱子。杉木地板、杉木吊顶板、嵌入内墙的防潮木格子等都被保护起来，整体上基本保持仓库空间原型。
- 剔除砖混外墙的抹灰和混凝土外墙原粘贴瓷砖，整体外立面采用清水砖墙表现形式。
- 电力、给水排水、照明、音响、空调等设备布置，尽量做到不显眼，不影响原有空间风格。
- 冰雪之国的外廊柱子采用单一的镀锌钢材，与清水砖墙和灰瓦等外立面色彩成鲜明对比。
- 利用原纺织工厂的一口水井，建造外廊屋顶

的融雪水池兼作开放空间前面的水上舞台。

在上述作业中，加倍注意调整各部分的比例关系。保留原有建筑合适的比例，对不合适的地方添加一些元素，进行适当调整。为了新建部分与保留部分的协调与交圈，精心选择其位置、尺寸、材料以及色彩等。本设计可谓是原有建筑的过去建设者与现代人之间的完美协调。

（5）竣工后

开业以后，金泽市民艺术村以高频率的利用率和高质量的文化创造力，包括建筑领域在内，在市民文化、市民参与、资源循环、公共设施运营、行政政策等许多方面，引起很大反响。其中最引人注目的是，为市民的自由文化创造提供公认的活动场所。作为自由文化创造场所，与21世纪成熟社会、定居社会、市民参与、经济生活的文化趋势相吻合，引起人们的共鸣。

经过5年的运营，发生了若干变化。变化之一是，把位于金泽市东部中山间的农家引进过来，冠以深山之家名称，设立书法、插花、和歌、俳句等团队活动和戏剧图书读书场所。变化之二是，为了扩大活动规模，生态生活活动搬迁到它处，将生态生活工棚变化为舞蹈排练、集会等多功能厅。变化之三是，要求设立影像、电子音乐、激光、团队协作等创新试验场的呼声高涨，决定设立"试表演广场"。这些变化都是艺术村的活动日趋活跃的结果。此外，挨着市民艺术村，成立了职业大学校，讲授木工、瓦工、建筑器具、钣金、榻榻米、砖瓦、裱糊、园林、石匠等9种建筑关联职业技术。校园中的专业扩大、缩小、增加新规则等变化，在所有设施中也经常发生。针对变化，设计者不要拘泥于直接或间接，以应有的姿态提出自己的见解。

金泽市民艺术村是从策划到设计乃至运营的各个阶段积累的各种规划汇集而成的成果。整个过程要求设计者具备建筑职业精神和作为市民参与的立场。从今往后，在创造21世纪建筑和环境的舞台上，设计者将会更加真实地承担这两种责任。

（1）各部位尺寸与形状原理：楼梯、出入口、扶手

作为人的活动场所的建筑要素，尺寸规划考虑移动方便和安全等因素。

在楼梯规划方面，为了使人的上下移动圆滑，要关注台阶的宽度和高度的尺寸关系。台面与台阶之间的角度不是直角，台面略微伸进一点，呈锐角。这是特殊的构造处理。

出入口规划，确定其尺寸时，要考虑通行人数和通行意义。玄关等具有象征性的出入口，一般要求规划成较大尺寸和装饰性构造。紧急疏散等侧重移动容量的出入口，要求满足避难人群数量的安全尺寸。

扶手是防止坠落的安全规划措施，根据使用者的条件，注意立杆形状和尺寸间隔，选择适当的构造。

（2）目视尺寸：构造识别

确定人的视力，要以最小视觉细胞为基础。也就是人伸出手时可以分辨拇指大小作为可分辨尺寸和面积界限值（阈值）。在建筑材料和衔接等尺寸规划时，为了使人容易分辨材料单位，所确定的尺寸和面积要大于人的视点与伸直手尖之间形成的立体角，否则人不能识别。不过，在人分辨他人的表情等情况，例如在识别其笑容，其眼睛、嘴等的表情大小可以小于手尖立体角，这一点不难理解。人类之间的分辨，请参照 E·霍尔的人类空间学试验研究成果。

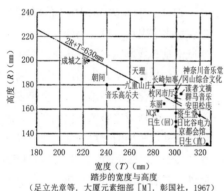

踏步的宽度与高度
（足立光章等. 大厦元素细部 [M]. 彰国社，1967）

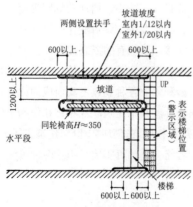

*当坡道坡度超过标准时，与楼梯并列设置。
坡道、楼梯的合并设置。
（佐藤平等. 面向社会福祉的建筑规划 [M]. FORM社，1978）

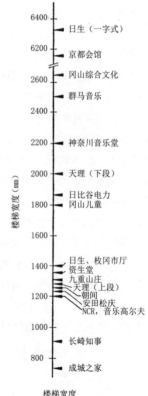

楼梯宽度
（足立光章等. 大厦元素细部 [M]. 彰国社，1967）

图1　楼梯尺寸

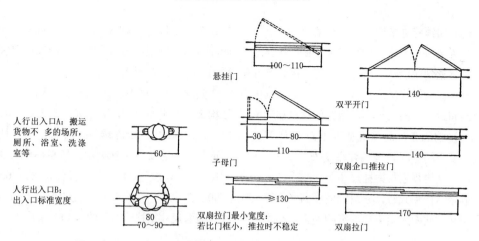

悬挂门

双平开门

子母门

双扇企口推拉门

双扇拉门最小宽度：
若比门框小，推拉时不稳定

双扇拉门

人行出入口A：搬运货物不多的场所，厕所、浴室、洗涤室等

人行出入口B：出入口标准宽度

图2　出入口尺寸（日本建筑学会.建筑设计资料集1［M］.丸善，1966）

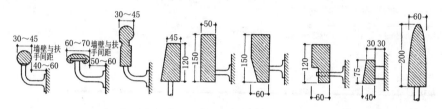

墙壁与扶手间距

60~70墙壁与扶手间距

图3　小横板种类（佐藤平等.面向社会福祉的建筑规划［M］.FORM社，1978）

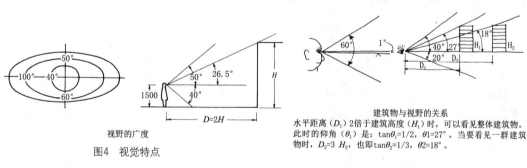

视野的广度

图4　视觉特点

建筑物与视野的关系

水平距离（D_1）2倍于建筑高度（H_1）时，可以看见整体建筑物。此时的仰角（θ_1）是：$\tan\theta_1=1/2$，$\theta1=27°$。当要看见一群建筑物时，$D_2=3\ H_2$，也即$\tan\theta_2=1/3$，$\theta2=18°$。

英尺		0	1	2	3	4	5	6	8	10	12	14	16	18	20	22	30
视觉		视觉畅通	瞳孔、眼球、脸部毛孔、细发被扩大					正常大小看到脸各部。眼睛、鼻子、皮肤、牙齿、睫毛、鬓发		看不见眼睛的毛细血管，清晰看见衣服破损处和毛发		看不见脸部的细皱纹，深皱纹还是明显，略微看到眨眼，清晰看见嘴唇活动		可以看见完整脸部		表情清楚，分不清眼睛颜色，分得清笑脸和皱脸，头部的移动醒目	标准眼镜测试和美国眼睛制造商检测标准之视力20~40的人，可以看见眨眼，看不到眼睛周围的表情
细部视觉（中心窝视觉1°）																	
明亮的视觉		2.5″×3″ 耳、目、嘴、鼻孔	3.75″×0.94″ 脸部、上身或者下身					6.25″×1.60″ 脸部、上身或者下身	10″×2.5″ 脸部、上身或者下身，还有转身		20″×5″ 1人或2人脸部	31″×7.5 2人脸部		4′2″×1′6″ 2人半身		6′3″×1′7″ 4、5个人半身
（水平12°垂直3°）60°粗略看		1/3脸部或耳孔或口部周围，看见脸部外泄	鼻子突出，整体上脸部没有歪斜					看见上半身，看不见手指有几个	看见上半身和转身		看见坐式的全部身体，在60°视觉范围，可以看到对方的脚部（或腿部）		看见身体全部，周围存在宽裕，可以进行手势和姿势交流			
周边目视		背景中，看见头部	看见头部和肩膀					看见身体全部，手指的移动	看见身体全部		看见在场的其他人		在目视范围内，其他人的行为占据主要位置			
头部大小		比实物大，占满视野	比正常显大					看见正常大小				正常或者开始缩小		很小			

注：头部的大小知觉，即便是同一人和相同距离，也会变化。

图5　有关人体空间学知觉的距离与可看见容器之间的相互关系

（E·霍尔.隐藏的次元［M］.日高敏隆，佐藤信行译.三铃书房，1970）

（3）闭锁感觉指标：D/H 的意义

当人处在被建筑或者围墙包围的外部空间，会感觉到闭锁感。这种闭锁感，用较难理解的语言称为围绕感。其感觉强弱取决于其围绕方式和封闭空间大小等。墙体的材料和颜色等也是影响因素。简单概括为由 D/H 比值决定（外部空间宽度 D 与墙体高度 H 之比）。

（4）结构规划与梁柱尺寸

确定结构形式时，建筑物的檐高（高度）、柱网尺寸（间距）是主要的影响因素。小型建筑物多采用传统的木结构，室内体育馆等大跨度建筑物可以采用充气膜结构，超高层建筑则采用钢骨钢筋混凝土结构。

其次，使用最为广泛的钢筋混凝土结构，其结构主体的平面尺寸，通常采用短边 6m，长边 6～7m。此时的建筑物层数和梁高度以及柱子断面尺寸大致如下：在底层，梁高是长跨度的 1/10～1/7，柱子截面尺寸是柱网面积的 1/60～1/50；在顶层，梁高是长跨度的 1/13～1/10，柱子截面尺寸是柱网面积的 1/140～1/100。

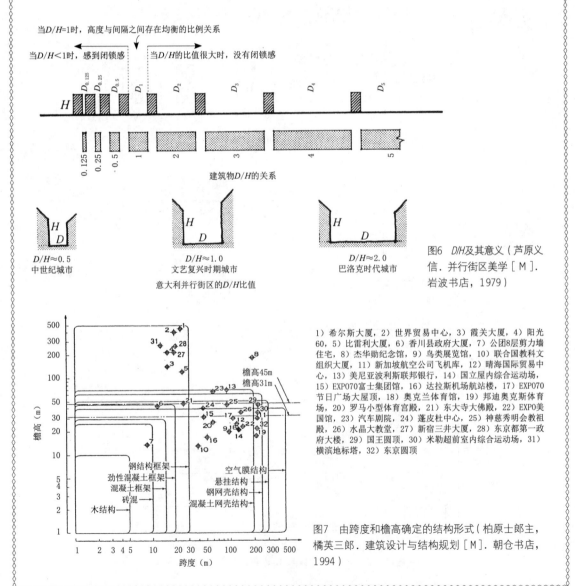

图6 D/H 及其意义（芦原义信．并行街区美学［M］．岩波书店，1979）

1）希尔斯大厦，2）世界贸易中心，3）霞关大厦，4）阳光60，5）比雷利大厦，6）香川县政府大厦，7）公团8层剪力墙住宅，8）杰华勋纪念馆，9）鸟类展览馆，10）联合国教科文组织大厦，11）新加坡航空公司飞机库，12）晴海国际贸易中心，13）美尼亚波利斯联邦银行，14）国立屋内综合运动场，15）EXPO70富士集团馆，16）达拉斯机场航站楼，17）EXPO70节日广场大屋顶，18）奥克兰体育馆，19）邦迪奥克斯体育场，20）罗马小型体育宫殿，21）东大寺大佛殿，22）EXPO美国馆，23）汽车剧院，24）蓬皮杜中心，25）神慈秀明会教祖殿，26）水晶大教堂，27）新宿三井大厦，28）东京都第一政府大楼，29）国王圆顶，30）米勒超前室内综合运动场，31）横滨地标塔，32）东京圆顶

图7 由跨度和檐高确定的结构形式（柏原士郎主，橘英三郎．建筑设计与结构规划［M］．朝仓书店，1994）

（5）密度、容积率的实际应用与相关法规

采用面积等指标测算建筑大小，可以利用平面即 2 次方的关系来求得。计算建筑的立体大小（容积），可以采用 3 次方的关系求得。建筑较大时，人们觉得其密度高。建筑高度增加时，有同样的感觉。在大街上，感觉到建筑群的压迫感，是因为建筑的楼座数量和住宅数量较多，整体上感到建筑的大小和高度过于庞大。

我们生活的住宅和街道，都应该达到舒适的居住性。建筑技术者建设住宅和街区时，始终坚持建筑保持适当的大小和容积，尽量柔和压迫感和密度感。使用建坪率（密度）控制建筑的 2 次方大小和使用容积率控制建筑的 3 次方大小。

首先，介绍实际应用情况。图 8 表示目前使用的户数、人口密度和容积率。由于住宅形式的不同，建筑数量和总建筑面积等会发生变化。在住宅设计中，考虑与相邻住宅和住户之间的关系时，诸如视线、声音等私密性以及采光、日照等设计条件，大体上都已经成为定数。可以直接参考或采用图 8 的数据。

其次，介绍建筑基准法等有关法律法规。对于合适的住宅和城市其他用地，为了保证其环境条件，建筑基准法规定了该用地的建筑建坪率（密度）和容积率上限。

土地的使用可以根据土地用途进行分类，使城市的土地利用有序进行。图 8 中的第一种低层住宅专用区域，属于独立式住宅等的土地利用范围，其建筑建坪率（密度）和容积率最低，限制高密度土地开发。

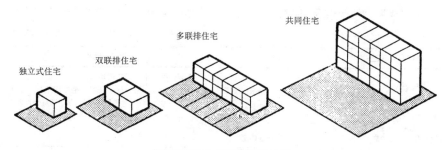

集合式住宅形式（根据集合程度分类）

住宅形式	户数密度（户/公顷）	人口密度（人/公顷）	容积率（%）
低层：独立式住宅	15～40	60～150	15～35
联排式住宅	60～80	200～300	35～50
多层：集合式住宅	80～150	250～500	40～80
高层：单面走廊型等	100～200	350～600	60～130
中间走廊、集中型等	200～300	600～1000	130～200

注：密度的表示方法有净密度和总密度两种。净密度是住宅用地密度，除了住宅占地面积以外，还包括住宅用地内的庭院、儿童乐园、用地内道路等土地面积作为计算分母。总密度是地区整体密度，除了住宅用地以外，还包括学校、公园、干线道路等地区的土地面积作为计算分母。所以，计算同一对象时，总密度值小于净密度值。

图8 住宅形态与密度

建坪率=总的建筑占地面积/用地面积（×100%）

用途地域	建坪率限制
第一种低层住宅专用地域 第二种低层住宅专用地域 第一种多高层住宅专用地域 第二种多高层住宅专用地域	限定在3/10，4/10，5/10，6/10以内，并由城市规划确定
第一种居住地域 第二种居住地域 准居住地域	6/10
近邻商业地域 商业地域	8/10
准工业地域 工业地域	6/10
工业专用地域	限定在3/10，4/10，5/10，6/10以内，并由城市规划确定
在城市规划区域内，尚没有指定用途的地域	7/10（在特别行政厅指定的区域是5/10或6/10。此外，根据开发许可，还可能附带条件）

图9　城市规划与用途（建筑基准法）（建筑学会．建筑法规教材［M］．2001）

容积率=总建筑面积/用地面积（×100%）

城市规划规定的容积率限制（法52条1项）

用途地域	容积率限制
第一种低层住宅专用地域 第二种低层住宅专用地域	限定在5/10，6/10，8/10，10/10，15／10，20/10以内，并由城市规划确定
第一种多高层住宅专用地域 第二种多高层住宅专用地域	限定在10/10，15／10，20/10，30/10以内，并由城市规划确定
第一种居住地域 第二种居住地域 准居住地域 近邻商业地域 准工业地域 工业地域 工业专用地域	限定在20／10，30/10，40/10以内，并由城市规划确定
商业地域	限定在20/10，30/10，40/10，50/10，60／10，70/10，80/10，90／10，100/10以内，并由城市规划确定
在城市规划区域内，尚没有指定用途的地域	40/10（在特别行政厅指定的区域是10/10，20/10或30/10。此外，根据开发许可，还可能附带条件）

根据前面道路宽度规定的容积率限制（法52条1项）
前面道路宽度
（按最宽处，限12m宽以内道路）×系数（4/10或6/10）

用途地域	系数
第一种低层住宅专用地域，第二种低层住宅专用地域，第一种多高层住宅专用地域，第二种多高层住宅专用地域，第一种居住地域，第二种居住地域，准居住地域	4/10
其他区域	6/10

•由容积率决定的总建筑面积限制
容积率的限制，在下面2种限制中，取更加严格的数值。
容积率限制：①由城市规划或者建筑基准法规定的限制
②在12m宽以内道路，由道路宽度确定的限制
（包括前面道路与特殊道路连接时的缓冲措施）

图10　容积率定义（建筑学会．建筑法规教材［M］．2001）

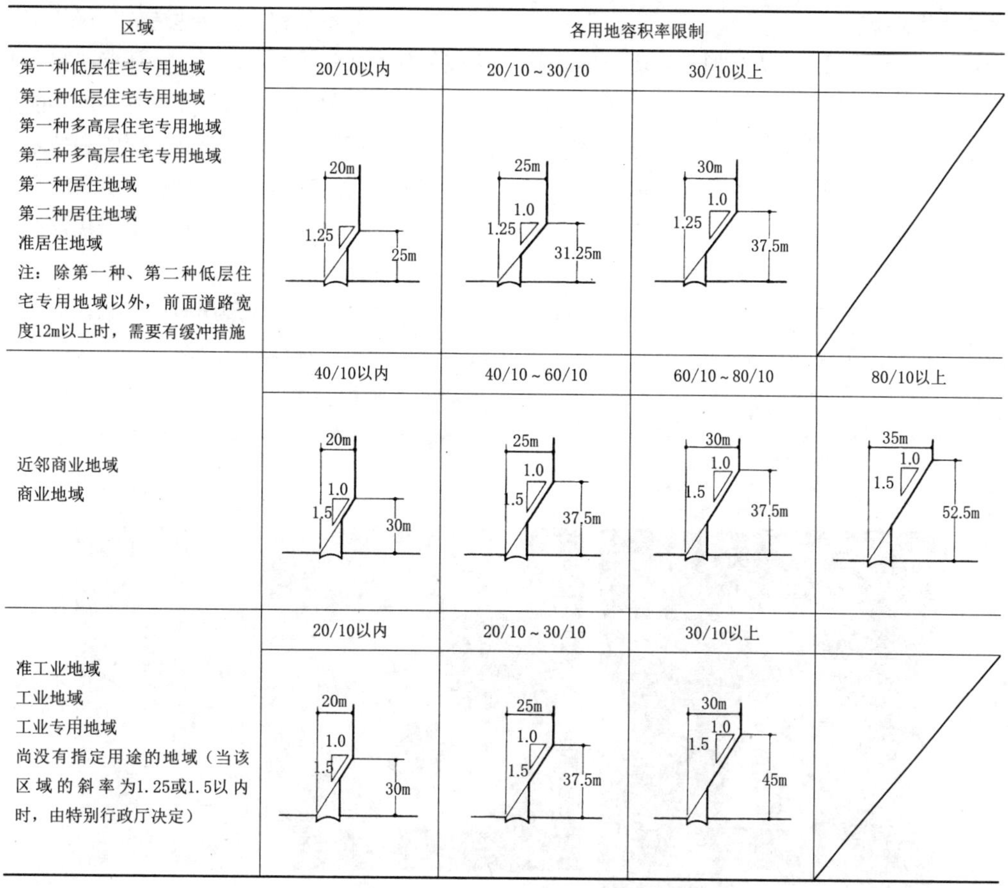
区域
各用地容积率限制
第一种低层住宅专用地域
第二种低层住宅专用地域
第一种多高层住宅专用地域
第二种多高层住宅专用地域
第一种居住地域
第二种居住地域
准居住地域
注：除第一种、第二种低层住宅专用地域以外，前面道路宽度12m以上时，需要有缓冲措施
20/10以内
20/10～30/10
30/10以上
20m
1.25
25m
25m
1.0
1.25
31.25m
30m
1.0
1.25
37.5m
近邻商业地域
商业地域
40/10以内
40/10～60/10
60/10～80/10
80/10以上
20m
1.0
1.5
30m
25m
1.0
1.5
37.5m
30m
1.0
1.5
37.5m
35m
1.0
1.5
52.5m
准工业地域
工业地域
工业专用地域
尚没有指定用途的地域（当该区域的斜率为1.25或1.5以内时，由特别行政厅决定）
20/10以内
20/10～30/10
30/10以上
20m
1.0
1.5
30m
25m
1.0
1.5
37.5m
30m
1.0
1.5
45m

图11　由前面道路决定的斜线限制（特殊除外）

5. 居住与环境

a. 居住与生活环境

居住是由居住需求的"人"即"生活"与把生活围在其中的"环境"所组成。

您也是通过自己的生活,创造居住并对空间提出要求。如果居住空间符合您的要求,就可以确保快乐舒适的生活。反之,就会改变居住空间或者改变生活方式。也就是说,建筑师的工作就是在通晓人们的"居住需要"和居住空间所具有的"功能"的基础上,建造合适的居住空间。

$$人=生活 \quad \xrightarrow{\text{要 求}} \quad 居住空间$$
$$\xleftarrow{\text{功 能}}$$

但是,并不是有钱就能建造任何居住空间。因为我们的生活和居住,需要依赖环境和社会。

包括未开化社会在内,在世界各地都能见到原始的居住空间(利用本地材料、资源和技术建造的居住空间),我们称之为"窝棚",至今还存在各式各样的窝棚式居住空间。这是环境所决定的,可以在当地直接获得材料和资源,加上既定环境中的人类生活对居住空间也表现出多样需求。如果把"环境"分解为自然环境和社会环境(组成群居式人类生活的各种社会系统、规范、习惯、条件等),社会环境也与丰富多彩的窝棚式居住空间之间存在很

土耳其卡帕多奇亚泥土屋(左)与内部(上)

巴厘岛分栋式居住空间
(野外民族博物馆小世界)

印度尼西亚船形居住空间
(野外民族博物馆小世界)

图5.1　窝棚式居住空间案例

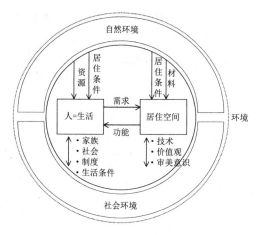

图5.2 环境与居住空间的关系概念图

深的关系。

居住空间用的建筑材料种类很多。除了木头和石头以外，还有土、布、皮革、冰雪、灌木等。例如：使用土建造的土耳其卡帕多奇亚之家、中国的窑洞，使用布匹和皮革建造的蒙古包，利用冰雪建造的爱斯基摩人的镰仓式居住空间等。

在印度尼西亚巴厘岛，居住空间分成若干栋，每个房栋的作用各不相同，表达不同的世界观。自然环境为我们提供建筑材料，但是使用方式和方法却随所处社会形态和环境而不同，其方式方法取决于所处社会文化（价值观、审美意识等）。

纵观日本现代社会的社会环境，可以说并存着政治、经济、社会制度，生生不息的地域和城市的历史、文化财富（一直积累下来的资产和社会资本），周围的并行街区、景观、街坊邻居、社区等。我们就是在这种社会环境中，生儿育女、消费能源、制造废弃物，度过每日的生活。所有这一切都是环境造成的。面对社会和自然，如何和谐地生活（居住）也成了问题。

我们在思考居住空间时，必须牢牢把握居住、生活、环境这三者之间的关系。

b. 居住需求与居住空间的发展、变迁

人类一边依赖环境，一边为了更好的生活和居住，发挥其聪明才智，动手改变环境和居住条件。如果追求更好居住的欲望称作"居住需求"，则该居住需求的变化和发展，就是居住空间的历史、发展的原动力。

那么，到底都有什么样的居住需求呢？居住需求大体上可以分为：①方便生活，②建造简单，③美丽且有象征性等三种。

第一，方便生活可以说是居住的基本要求，进一步可以细分为：①-1之安全性（作为贝壳的功能）、①-2之居住心情（舒适性）、①-3之使用简单（方便性）等三个方面。安全是必然的，理所当然的希望居住抵抗地震、火灾、台风等能力强。从前苦于应付炎热的夏天和寒冷的冬天，而如今追求可调节声音、阳光、热、空气等的舒适的室内环境。方便性也是居住的基本要求，方便说明容易使用，而且便于劳动的同时，还要满足该地域社会生产系统，可以进行节日、办事等社会生活。这些需求的不断发展和变化，也许就是居住发生变化的原因之一。

第二，要求建造简单，尤其是在技术缺乏的年代显得特别重要，能够简单建造是最重要的事情。如今，工业化水平和建设技术非常发达，建造简单的要求似乎已不太重要，但却不然，就是被"经济性"的要求所替代。也就是说，建造相同功能和性能的居住空间，强调廉价和经济性，经济性要求已经占据很重要的位置。

第三，要求美丽且有象征性，它仍然是很重要的需求。对相同功能和性能、建造简单的居住空间，自然希望建造更加美丽、突出自己的居住空间。事实上，历代皇宫贵族、神宫、统治者都是争相建造彰显其富裕、地位、统治权力的居住空间，它进一步推动建筑技术的发展，催生了"某某样板"的一整套表现方式和方法。虽然经过不同文化地域之间的交流和相互渗透，各种样板相互交织在一起，产生了全新的样板。但是总的来讲，不管是在什么时代和社会，人类总是喜欢更加美丽和具有象征性的东西（也可以统称为"美观"）。它促使居住空间改变形式，成为其发展的原因之一。

图5.3 居住需求的组成

c. 居住规划问题

下面讨论规划和设计居住空间必须考虑的问题。着眼于建造居住空间这个生活容器的观点，从规划层次和角度具体和明确了居住需求，可以得到以下4点：

（1）家族与生活行为（"事件"规划）

这是最基本的事件。在居住空间中，很多人的生活行为如睡眠、休息、膳食、洗脸、如厕、洗浴、团聚、接待、家庭内外仪式、做事、兴趣、学习等不断重复和扩散。而且家族的每一个成员都具有这种生活态势，设置并保持这种场所很重要。这种调整就是规划、设计的责任之一。

（2）应对家族的成长变化（"时间"规划）

家族会不断成长和变化。一对年轻夫妇的家庭，不久就会产子，家族数量就会增加。孩子幼小时可以和父母就寝，长大以后要求自己的空间，需要自己的房间。孩子长大结婚与父母同住或者三代同堂，则需要更多的房间。如果孩子再分户独立，则出现多余的房间。步入老年后，上下楼梯显得吃力，使用轮椅时，洗浴、如厕都会困难。居住空间的规划，必须考虑家族的这种成长变化，也就是说，时间规划很重要。

（3）安宁、高昂、感动规划

居住空间的功能需求很多，包括对空间的安宁、感叹、开放需求，有时要求空间包容心情激昂或者突显个性。有的人喜欢日式房间，而有的人偏爱洋房，或者有的人喜欢温暖的木头，而有的人偏爱混凝土的稳重感。进行房间和空间规划，既要考虑功能，同时也要把握居住对象的喜好和活动。

（4）与社会、环境相关（宜居）规划

我们绝不是一个人在生活。我们的生活都要依赖社会和环境，居住规划必须考虑与社会、环境的和谐。考虑如何和谐，有各种观点。有的建议"集合式居住"，有的提倡"开放性居住（对社会和环境开放）"，有的呼吁"亲环境居住"，有的提议"与地域传统和文化和谐居住"。居住规划必须充分把握这些观点和建议。

居住空间是以上述需求的综合形式存在。如何满足各种生活行为、迎合未来变化及人们的内心需求、与社会和环境相协调，是居住空间规划所面临的问题。

不过，居住对象是个人还是不特定多数团体，其规划研讨内容有一些区别。如果设计对象是个人住宅或者预定住宅，则需要仔细听取业主的意见并仔细讨论。例如：要了解业主睡觉、休息的房间类型、聚会形式、工作情况、接待方法、对家族成长变化的看法、业主的兴趣和爱好、喜欢的空间类型以及业主的侧重点等。明确业主的这些需求，空间形象也会随之形成，设计条件也会被固定。

但是，规划对象是集合式住宅或者出售型住宅等时，由于不能面对具体的业主，只能根据社会整体需求或者调查分析特定社会阶层的生活方式和需要，进行规划条件的探讨。此时，社会的倾向性、共同性以及形式成为问题的焦点。

d. 居住要求的历史对应形态

日本的居住形态呈现木结构空间形态，是从竖洞式居住原型发展而来。原先只有一间房间，由一间房间承受所有居住需求。生活在一间房间中能够经历几千年的历史长河，这或许居住需求过于单纯，或许它具备良好的生活系统。

但是，上层阶级逐渐可以建造规模较大的居住空间，到了平安时期，受到与佛教同时传来的大陆式居住空间的影响，开始建造宫殿式居住空间。这种居住空间的居住方式是，把大屋顶空间使用帘子和布条分隔成若干间房间的生活方式，是源氏物语传说中的生活世界。在那个时期，榻榻米是一种床，仅在地板的局部铺设。在整个地板铺设榻榻米，还是武士时代以后的事情。武士阶层执行严格的身份制度，与之相关联，建造了玄关、门口地板、壁龛、榻榻米房间、连接空间为一体的书院式建筑。这种居住空间形式不允许农民、商人等建造。到了明治时代，随着身份制度的废止，农民、庶民阶层也可以建造书院式建筑，以书院式建筑为原型的居住空间开始在民间普及。

图5.5是大正时期建造的某农家住宅。从图中可以看到，素土地面房间、木地板房间、榻榻米房间以及有壁龛的房间并行排列。素土地面房间称作庭院，用作打理农作物、炊事等。木地板房间是家族平常一起围在地炉交流的场所，榻榻米房间是仅作为接待客人、举行仪式等使用的空间。该地域农家很早就拥有3种地面形式的空间，区分房间的使

玄关与门口地面　　　　　　　　有地面和台面的榻榻米房间

图5.4　书院建造案例

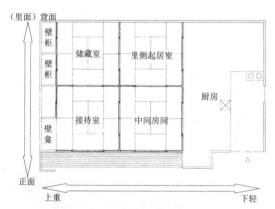

图5.5　大正时期东北农家的房间布局和秩序
（摘自佐佐木嘉彦的调查）

用用途是该居住空间的特点。

　　这种使用划分，存在2个遵循纵横轴秩序的系统。纵轴（南北向）的秩序是"正面·背面（里面）"（"晴天与阴天"），横轴（东西向）的秩序是"上下"（"轻重"）。换句话说，正面用于接待客人、举行仪式，背面（里面）用作日常生活空间。同样是正面，最里侧的房间视为"上（重）"，作为身份较高的人或主人使用的空间。在众多居住需求中，以接待客人和应酬为上，拿出最好的空间作为接待客人和应酬使用。日常生活则安排在条件较差的北侧。农家就是在这样的空间秩序下维系生活。

　　到了明治时期以后，身份制度被废止，同时开始接触欧美文化，所谓的"洋房"进入我们的视野。身份制度的废止，使得先前最重要生活内容之一的"接待客人和应酬"的重要性下降，相反地"家庭生活"的重要性在增加。具体表现为日常生活空间的南侧需求强烈，把起居室和次间从原来秩序中调转过来，把次间当作居室和茶室。

　　另一方面，正如在日光田母泽御用官邸等处见到的那样，起初的"洋房"只是当作处理官方事务、执行公务、劳动的空间形式，在主流住宅中几乎没有被采纳。只是将"洋房"里的办公兼作接待用的空间作为接待间。采用"走廊"把各独立房间连接起来，在保持家长制书院式建筑格局的基础上，实现了家庭生活的南面化需求。这就是所谓的"内走廊式住宅"。

　　第二次世界大战前，此类住宅是具有代表性的住宅，到了二战后，情况发生很大变化。家长制时代转变为尊重个体的民主主义时代，核心家族成为居住空间的基本单位。从欧美，尤其是美国的文明和生活方式大量涌进，洋式住宅成为人们仰慕的对象。期间，开始实现现代化生产，工业产品得到普及。此时，明治以来一直留在人们意识中的"洋房、西式房间"、"有椅子的起居室"等印象，发生了很大变化，把曾经当作公务、公用场所、公用类型的洋房重新认识为实现新时代新生活的方式。

　　另一方面，声讨以前注重接待客人的呼声高涨，

一层西式房间是举行正式活动的场所　　　　　　　　二层日式房间是大正皇帝私人空间

图5.6　日光田母泽御用官邸一层和二层

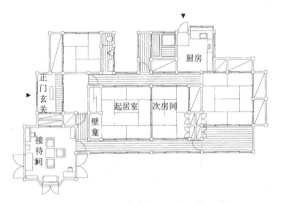

图5.7　内走廊型住宅案例

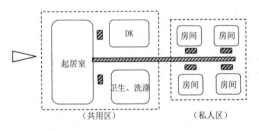

图5.8　"公私室型住宅"组成概念图

主张个人的隐私和强调体现家族情谊的"团聚"的重要性。"寝食分离论"要求：即便是最小单位小型住宅，也要分开厨房和卧室。随着厨房设施的高度齐全，出现了厨房兼餐厅的空间形式。空间功能的进一步分解，出现了客厅或者起居室空间形式。这种由个人的私密空间、作为家族平等交流和团聚的客厅（起居室）、厨房兼餐厅的空间等组成的住宅单元，我们称作"公私室型"或者"nLDK型"住宅。

在现代居住空间中，集合式住宅的贡献也很大。在日本传统中，没有在互相重叠在一起的住宅中生

活的习惯。多高层集合式住宅的出现，主要还是二战以后。战争中许多房屋被烧毁，战后住宅显著不足，有必要及早大量提供住宅。于是决策建设在欧美国家常见的集合式住宅。当时，很多学者参与集合式住宅规划，采用最新理论进行设计，提出了上述"公私室型"住宅设计方案。

地方城市和农村，尽管还留有浓厚的传统色彩，还是不断地建设注重现代家族关系和私密性以及团聚重要性的住宅。如今看到的住宅形式都是这样形成的，图5.9表示了战后居住空间的变迁。

e. 现代居住目标

二战前的居住空间是名副其实的"日本式住宅"。在这里可以看到藩政时期遗留下来的"正面·背面"、"上·下"等秩序观，能够看到用于"接待客人·招待"等的痕迹。同时，倾向于建造"大块头结构"、"漂亮的结构"的居住空间，来炫耀居住者的经济实力和地位。不过，二战后，强调地位、身份的概念消失，建造类似居住空间的必要性逐渐消退。那么，战后对居住空间的思考方式又是什么呢？

这个问题，前面都已经讲过。一般说来，要求居住空间具有"便于生活，建造简单（经济性），美丽或者象征性"。如果把它用现代的语气更加详细地表述，则变成："要求居住空间具备私密的自娱空间和通过交流分享快乐的共用空间。换句话说，要求居住空间具备丰富的愿景或者具备快乐的生活愿景"。

独立房间的作用是帮助每个家族成员实现私密性欢乐。当然，私密性快乐在起居室、餐厅、DK（厨

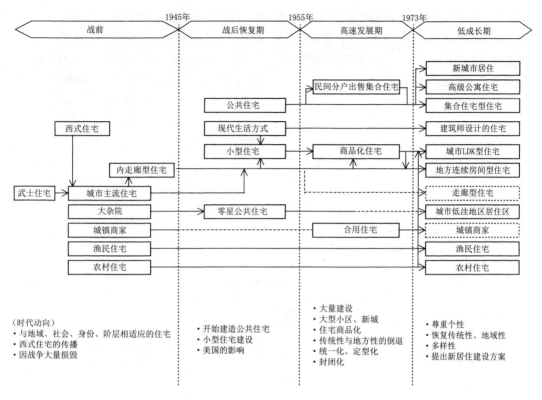

| 战前 | 1945年 战后恢复期 | 1955年 高速发展期 | 1973年 低成长期 |

图5.9　现代居住空间系谱图

房兼餐厅）等处也可以实现。事实上，孩子们经常在客厅写作业；其他成员外出时，主妇也是在客厅读书或者看电视。关键的问题是，所有空间都必须是私密性欢乐空间，家族的每一个成员都可以在那里说话、悠闲、享受快乐。不想招待的人不会去邀请，这是人的一种心理倾向。从该倾向反过来看，如今招待客人也是一件快乐的事情。家族在一起过生日、圣诞节等也是一种有别于招待客人的快乐。关键在于，为了享受生活中的各种快乐，居住空间理应具备独立房间和家族共用房间，需要有日式房间和西式房间。

图 5.10 是经整理的日式房间与西式房间的不

同点。可以看出差别还是很大，不亚于两种文化差异。还有，人们往往完全按照日式和西式进行装饰和使用，或许人们就是喜欢这种差异。

不过，我们的西式房间与西方国家的西式房间并不完全相同，只能说是基本类似。例如：我们的西式房间有落地式大窗户，布置了低矮沙发，各房间通过客厅相互联系，进入房间需要脱鞋等，与西方的西式房间相比较，不同的地方还很多。与其说是西式房间，不如说更接近日本传统形式，是日式风格的另一种表现方式。由于房屋结构上的原因，日式房间也在向现代风格转变。但是，壁柜、榻榻米、隔扇拉门的组成与融通性等在生活中的位置和作用始终没有改变。

另一方面，对于居住空间的室内环境，随着设备机器的发展，人工调节的思考模式成了一个固定模式。与此同时，居住空间的"封闭化"也在加速。在社会、地域的传统关系方面，传统的规则性在弱化，多样化与孤立化在加速。

总之，居住空间日趋依赖新技术，社会性日趋稀薄，采取日式和西式试图实现更加丰富多样的家

	形式	对应的居住、装饰方法
日式房间	①壁柜 ②榻榻米地面 ③利用家具组合房间 ④利用结构、自然材料装饰	a. 坐在地面的居住方法 b. 陈列式居住方法 c. 多目的居住方法 d. 使用定型、限定要素装饰
西式房间	①大壁柜 ②榻榻米以外的地面材料 ③利用墙壁和门组合房间 ④结构与装饰分离	a. 坐在椅子的居住方法 b. 利用家具的居住方法 c. 固定房间用途的居住方法 d. 自由的装饰方法

图5.10　日式房间与西式房间的形式和使用方法

族生活。于是，现代居住空间努力扩大重要的、具有多功能的空间并置于南侧（多数场合，起居室符合这些需求。在地方城市和农村等地常见的连续房间、榻榻米房间的功能也与起居室类似）。图5.11表示现代居住空间需求与内部分隔特点（形式）之间的关系。

f. 居住的共性与多样化

现代的居住空间共性较高，可以自由建造任意居住空间。这是因为居住需求的共性高，同时针对居住需求的对应形态的共性也高。

现在，可以把居住需求的对应形态分为：①功能对应；②休闲对应；③形式对应等三个部分。①功能对应是根据人类工程学、动线规划等，尽量减少浪费，合理进行规划，尤其对厨房、梳洗间、厕所进行功能应对。②休闲对应不需要功能性对应，自如地进行空间规划，可以得到较好的对应形态。例如：宽敞的起居室、良好的通风、顶灯等，这些对家族来说，都是重要空间所必须的聚焦点。

最后的③形式对应是指，"确认决定或者约定的事项，进行应对的"方式。例如业主对房间布局提出以下要求：离玄关近的地方可以粗糙些，安排

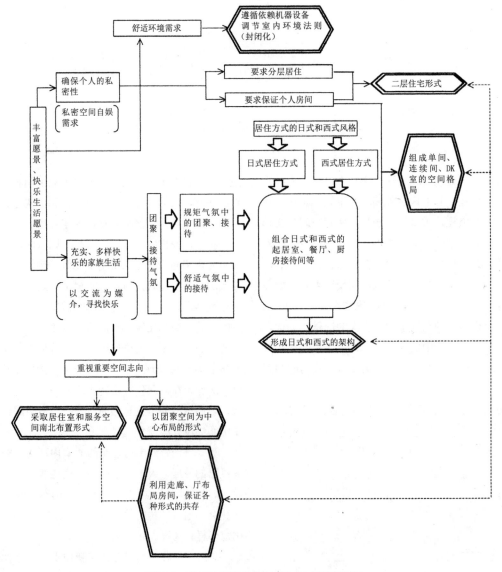

图5.11　现代居住空间需求与形式之间的关系图

身边人使用，离玄关远的地方要豪华，供长辈使用（这是传统的联想房间的空间秩序）。根据方位和分区进行的空间秩序排序等也属于这种形式的对应。由私密空间和交流空间构成的所谓的"公私室型"居住空间，由于确立了个性与象征平等家族关系的团聚空间，在此意义上也可以当作"形式性对应"的一种。总之，形式对应就是根据具有象征意义的形式来确定空间，这种空间隐藏着造就多种居住空间的可能性。

不仅如此，现代居住空间之所以共性高，是因为我们生活在日本这个具有共性文化环境的国家。已经有很多年轻一代在所谓的公私型居住空间中生活，在单间和西式房间中长大，完全适应和掌握了这种居住空间的居住方式。还有，常在身边看到传统的居住空间和连续房间，尽管不是很清楚，但还是持有居住应如此的观念（从小开始学习的现象称为"烙印"）。正因为有这种固有观念——烙印，也就不难理解居住空间共性的形成。城市里的独立式住宅中的"城市LDK型"和集合式住宅中的"集合住宅型"以及地方城市和农村的"地方连续房间型"等3种类型的居住空间，都具有很多共性。

在古老的江户时代之前，各个地方都有许多有特色的居住空间。经过战后的高速发展和经历大规模生产时期，大部分已经消失，如今仅剩下小部分。每一个地域理应拥有自己的生活和文化，理应继承具有生命力的特色居住空间。传统的东西经历了千锤百炼，它的美丽深深地驻留在日本人的心中。要在洞察和见证环境、社会、家族、生活、技术等的变化和发展的基础上，思考基于地域传统和日本传统的居住空间。

此外，家族、生活形态等居住需求呈多样化，随着城市化进展，可开发土地受到限制，居住地的用地条件也呈多样化。这些条件要求规划应对居住空间的多样化发展。

g. 新要求与规划课题
1）家族变化
由战后的民主主义支撑的家族在一点一点地逐渐变化。少子、高龄化现象在加速，同时女性进入社会的速度在加快，各家族在生活时间和空间上，产生偏差。换言之，女性的进入社会和就业形态的多样化，成为居住空间发生变化的原动力。

直到最近，家庭的生活还是遵循："打工的丈夫、专职主妇、两个幼小孩子组成家族，丈夫在外专心工作，妻子在家带孩子做家务，到了节假日家族聚在一起交流和休闲"的生活形态。但是，如今母亲也在外或者在家有工作，家族成员开始过另一种生活空间方式，结果导致了不同人际关系下的生活方式。把之前的家庭形态称作"责任分担型家庭"，则今后的家庭形态将会变成"共同参与型家庭"，意味着夫妻是平等的关系，家庭的生活时间、空间、人际关系将会更加分散。与子女之间的关系，也将

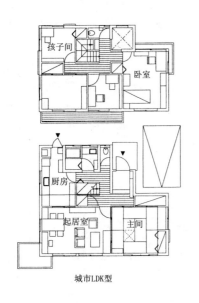

城市LDK型

集合式住宅型

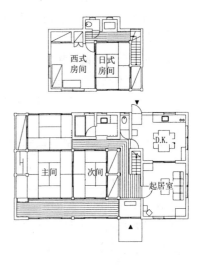

地方连续房间型

图5.12　现代居住空间的3种类型

从监护与被监护或者支配型上下关系，转变为伙伴关系，如同"朋友式的亲子"关系。相信不久的将来，家族形态会进入：家族成员之间建立平等的伙伴团体，共同维持家庭生活的时代。

到了那个时候，之前默认的"女性空间"、"男性空间"将会消失，理应具备功能性的空间理所当然地要求实现功能化，从夫妇、孩子等的不同角度，重新思考休闲空间的规划。

还有，家族生活时间的偏差（生活时间的个性化）、生活空间的偏差（生活空间的个性化）以及家族的人际关系（家族关系的个性化）的偏差，会提高保持家族各种生活和确保家族情义的架构的必要性。关于保持家族各种生活的架构问题，需要针对个人生活充实的服务系统。这可以通过先进的设备机器和普及生活行为的外部化来解决。（之前在居所内完成的行为，依托于地域社会）24小时便民店等的兴起是典型的案例，在某种程度上得到应验。但是关于确保家族情义的架构问题，目前还存在很多问题。随着手机的普及，实现了家族之间的时常联络，同时家族在一起的时间和场所受到限制，如何挤出时间和如何一起过成了问题。利用海外旅游、家庭旅游、踏青、在外用餐、看演出、听音乐会、参加各种纪念活动等都是强化家族情义的行为，相信以后会不断增加。但是切记，在一起居住生活，更应该丰富宝贵的家族时光。因此，有必要认真研讨所需的空间规划以及方式和方法。

少子、高龄化问题，也给居住生活的方式方法带来诸多问题。独生子、与双亲接触时间少的孩子、父母离异的孩子、因婚育造成神经衰弱的母亲等，围绕孩子的社会问题数不胜数。独居老人、卧床病人、护理等围绕老年人的问题也很多。

家族形态也呈多样化。例如：晚婚、孤身调往异地工作导致单身群体增加，丁克家庭（没有孩子的夫妇组成的家庭），空巢家庭，三代同堂家族，依靠没有血缘关系的人帮助生活的家族（称为集中居住或者网络居住等）等。

在这种情况下，解决居住问题肯定受到不少限制，但是不要忘记我们已经进入创新的时代。

2）环境意识的变化

家族变化的同时，支撑居住条件的环境的思考方式也在变化。以前的居住空间建设，没有太多考虑使用多少资源和产生多少废弃物。但是，地球的变暖和资源的枯竭等问题突出，对减少地球环境负荷的居住生活，有效利用自然环境，可作为资本（社会资本或资源）的居住，可持续发展（可长期持续利用），可重复使用、改造或有效利用遗产等问题的关注程度日益增强。居住空间建设量大，如何解决这些问题很紧迫，日后必将成为很大的规划课题。

3）居住空间的规划问题

针对家族、社会的变化，规划师必须研讨以下5个方面的问题：①生活的外部化与内部化；②彻底的功能化需求；③休闲空间、大块空间的再研讨；④与环境、社会关系的重新构筑；⑤居住秩序的重新组成。

（1）生活的外部化与内部化："生活的外部化"是指历来遵循的居住生活行为依附于地域社会，反之就叫作"内部化"。例如：举行结婚仪式和葬礼等是战后不久被外部化的生活行为，最近还有把接待客人的行为外部化的倾向。除亲戚、亲近的人以外，现在的家庭多数不在家中一本正经地招待客人。把接待客人的行为外部化以后，居住空间只属于家族，功能更好界定。因此相对容易考虑新居住空间的构成。也有人认为，把接待客人的行为外部化，使家庭与地域社会隔绝，被孤立，提出家庭应该重视接待客人或者采取与家庭生活不冲突的组成方法。图5.13表示被称作"双起居室方式"的独特的公共房间组成方法。采取把接待、大人使用的"正规起居室"和家族、孩子使用的家族起居室分开设置，以此重新组成居住空间。

另外，使"内部化"继续发展的生活行为就是"居家工作"和"趣味活动"。随着互联网、手机等信息系统的技术发展，在家或在外出地完成工作成为可能，把居住空间作为工作场所，完全可以满足

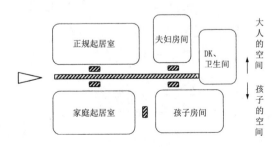

图5.13 "双起居室型居住空间"构成概念图

功能要求。之前的"书斋"主要用作父亲在临睡前读书、写信、喝小酒的空间，今后或许具有更加不同的功能。同时，有工作的母亲也需要工作空间，也会请求给予空间。究竟在哪里工作好呢？在书斋还是起居室或者第三空间？是一件头疼的大问题。

趣味活动也面临同样的问题。随着休假时间的增多、生活价值观的转变，都有可能对居住空间提出新的要求。

（2）彻底的功能化需求：厨房、洗漱间、厕所、储物等以功能为主的空间，将会要求彻底的功能化。不过，其功能性的意义与以前稍有区别。例如：在共同参与型家庭生活中，会出现男性下厨房、做家务、看孩子等情况，因此需要重新研讨和定义功能性空间。还有，垃圾的彻底分类、食物存放与宠物拎养等，如何应对生活形态的变化问题很急迫。

在其他问题（生活财产）上，也会遇到同样的问题。各个房间都会置办家具、电气产品、衣服等日常用品。针对这些生活状态，规划要考虑收藏、壁柜、小型工作间、库房、仓库等功能性要素。

对老年化问题，必须考虑消除地面高差、轮椅交通、扶手设置等功能性无障碍要素。不要忘记障碍程度、个人状态因人而异，必须要有针对性。

（3）休闲空间、大块空间的再研讨：在居住空间规划中，如果侧重点不同，其居住空间的布局也会有很大变化。在独立房间中长大的年轻人，不会考虑使用没有独立房间（自己的房间）的居住空间。以前的小孩房间虽然只有6张或8张榻榻米大小空间，但是用途却较大，可谓是综合性空间，不仅用作孩子学习、游玩、睡觉，有时还接待客人。每一个家族成员都希望拥有属于自己的独立房间，所以，强调独立房间规划是今后必须解决的问题并不为过。事实上，没有起居室的居住空间设计竞赛和类似的设计案例已经出现。不同的居住者自然会有不同的居住空间需求。

另一方面，今后的起居室形态也会有各种可能性。尽管起居室普遍较大，但也有人认为，对很少一起使用起居室的家族，未必要求大空间起居室。起居室有时也会用作招待客人，但主要还是用作家族各种日常生活空间的一部分。起居室是个人私密活动的共同利用空间，足以摆设家用电脑、接入互联网、摆放大屏幕电视和信息设备等即可，只要不出现使用上的冲突或者相互干扰。这是把起居室当作"图书馆或者信息中心"的思考方式，此时的各独立房间就是通往共同利用空间的相对私密空间。这种居住空间模式称作"共同与独立房间型住宅"。

还有一些人认为，今后的起居室应当别具一格。例如：在生活时间的个性化进程中，方便举行增进家族情义的活动最重要。与其说接待客人，不如重视在生日、圣诞节、某某纪念日等特殊日子，家族和好伙伴聚集在一起共享快乐。想必会出现满足这种需要的起居室。人们会追求舞台式起居室，根据情况还可由多用的空间组成。这就要求规划整理连续间、中庭（圆台）、凉亭、通风、顶灯等舞台要素。

这样一来，起居室的名称或许要改为其他合适的空间名称。总之，规划必须考虑符合时代需求的居住空间。

（4）与环境、社会关系的重新构筑：上面已经讲过，室内环境的人工调节、交流关系的淡薄，导致了居住空间的"封闭化"。针对此，有人认为，应该建造更加贴近自然或者在意邻居和地域社会的

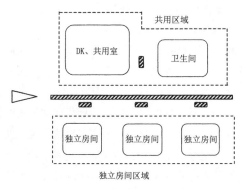

图5.14 "没有起居室的居家"构成概念图

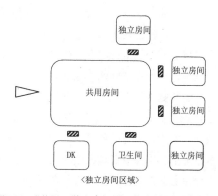

图5.15 "共同、独立房间型居住空间"组成概念图

居住空间。响应这个发展方向，陆续建造了利用太阳能和风力、减少环境负荷、可重复使用等新思维居住空间。出现了关心并行街区、邻居之间关系的玄关布置，留意庭院、门口、屏风、围墙等建造方式的居住空间。还出现了依据协定把建筑物边线从路边后退一定距离，注重道路景观的住宅区。这些努力不能仅停留在尝试层面，面对环境、并行街区、地域社会，采取何种态度和关心，是今后居住空间需要解决的问题之一。

（5）居住秩序的重新组成：随着女性进入社会，少子高龄化等现象的加剧，家族的生活方式正在改变，相应地居住所需的空间及其布局也将较大改变。虽然朝南、日照等基本要素不会变，但是以什么样的新原则进行空间布局规划呢？一定要求出现新的规划概念。尽管目前还不能提出详细具体的规划方案，但是至少可以从每一个案例中学习和吸收已有的创新概念。

5.2　各种居住设计理论

a. 住宅设计的两个侧面

如前所述，建筑规划是解决人类行为与建筑空间之间的关系问题。住宅也不例外。从性质上讲，也突出社会、家族、个人这个人类生活的最根本问题。例如：家族用餐的空间被称为用餐间，它不是餐厅。它源自为完成用餐为主的行为而有必要设置一个独立空间的想法。还有，睡觉的房间，我们叫作卧室。它同样源于为解决睡觉行为而选择的独立空间的思路。当同一个住宅分别设有用餐间和卧室时，我们可以认为生活在住宅里的人不会在同一个空间完成就餐和睡觉的行为。但是，人们并不是很早就开始拥有不同用途的房间，而且各房间之间的对应关系以及住宅与外部的关系并不是固定不变的。实际上，在不同的国家和地域，都是以各式各样的形式存在。也即不同用途的房间的存在以及关系体，反映一个时代或者一个场所的社会状况和人的生活的方方面面。

住宅设计可以说是，对每一个场所赋予性格和相互产生关系的行为。完成设计行为，首先需要考虑产生关系的各种因素。每一个住宅设计工作，都是在完成住宅空间的某种组合。但是无论是什么场合，都离不开行为和空间两个方面。实际设计中通常两个方面的侧重点有所不同，完全依靠一个方面完成设计恐怕是行不通的。自 1980 年以来，我们逐渐认识目前我们面对的问题就是这两个方面的背离。本章节把侧重点放在这两个方面，通过近代以后的当今住宅案例，介绍住宅设计的各种方式和方法。住宅设计是在个人与社会的关系中，明确家族

是介于个人与社会的中间概念的作业，是思考建筑空间是否成立的方法。从这些观点出发，去捕捉居住形式和住宅空间形式。

首先是住宅行为主体的问题。近代以前，家族大体上都是大型家族，是一个生产与生活的共同体。农村家庭由必要的成人数量组成，家族之间的关系相对紧密。到了近代，随着生产力的高速发展，导致大型家族的解体和迎接核心家庭的诞生。城市也是如此，住宅和生产密不可分。住宅的一部分几乎都是生产场所，仍然以家族为中心形成共同体。随着蒸汽机实用化产业革命的来临，生产在工厂集中。也即由家族在家里进行的生产行为转移到住宅以外，居住行为与生产场所分离，具备自立性成为可能。还有，针对城市环境的恶化，采取的措施之一就是选择离开城市中心，到郊区新环境居住。从而形成新的居住环境。从那个时期开始诞生了今天的通勤概念，同时产生了为了支持丈夫在外工作，在家专心做家务的专职主妇概念。

家族原则上由夫妇和孩子组成，这种 2 代核心家庭的普遍化、通勤与专职主妇，就是近代家族的主要特点。针对这个特点，便产生了与之相适应的近代住宅，可以说它是当今住宅的原型。夫妇替代了之前制度上的"家"，成为家族核心，夫妇的情义成为维系家族的力量源泉。近代住宅形式通常由 L（起居室）+nB（卧室）组成。也就是说，住宅的私密性更强，由家族的活动场所起居室和由家族成员数量决定的独立房间卧室组成住宅成为常态。

不过，到了近代住宅刚刚成为常态的 20 世纪

60 年代前后，行为方面再次开始发生变化。也即以夫妇为中心的社会最小单位面临危机。各种电子装置直接把个人与社会连接起来，处在社会与个人之间的家族单位的存在意义受到挑战。家庭丧失了从社会保护家族的堡垒功能，成为常说的集团房屋或者单身母亲形态，近代家族面临被解体。如何规划与这种现代家族形态相适应的住宅形式，就是摆在我们面前的课题。

社会的大变化，对住宅带来直接影响，是住宅设计的一个重要的决定因素。另一方面，住宅作为建筑，必然也要遵循建筑空间创造原则即住宅形态建造。它也是住宅设计的一个重要方面。人类行为作为社会存在，必然决定住宅空间，同时住宅的建筑空间制约或者多少积极引导人类的行为，以此表现时代精神。

有关这些问题，通过相应案例进行阐述。"空间"作为近代建筑最大特征，是包括住宅在内的建筑的重要主题。也就是说，相对于 19 世纪中叶以前没有太多空间概念的样式建筑，到了近代，与时代相呼应，把建筑当作空间性载体。近代以来，新技术、新材料与建筑空间之间的关系成为常态。其代表性的作品有：弗兰克·劳埃德·赖特采用铸铁和玻璃，首次实现了建筑内外空间的模糊关系；勒·柯布西耶试图拔高住宅的方法，使用建筑而不是采取革命行动，来挽救濒临崩溃的城市生活。还有，石匠之子密斯·凡·德·罗，把砌筑微小异型砖瓦的绝活应用到铸铁之间、铸铁与玻璃之间的连接细部构造，设计出精妙绝伦的住宅，在建筑空间设计中，首创通用空间概念。以一般意义上的功能主义为基础，各种行为与特定空间关系密切程度或者功能决定其建筑形态。住宅作为概念的试验场，为近代建筑的确立，做出了很大贡献。所有这些都充分演示：以铸铁、混凝土梁柱结构组成的高大开放性空间成为近代产物的整个过程。

就这样，近代社会或者近代家族与近代住宅空间结构成为一体，形成了当今的住宅形态。正如前所述，我们已经走出了近代社会，家族形态的变化导致的有关住宅的行为与空间的关系，并不是遵循过去的模式一成不变。有关这个问题的讨论一直在持续，研究成果也不断出现，但是还不能说已经很充分。

b. 针对每个住宅的设计主题

不言而喻，大多数住宅是为大众服务的产物。回顾当今住宅形成的历史过程，多数示范性案例和关键节点，都是由建筑专业人士在引领前进的方向。在这里，不采取通史般的讲解方式，而是截取其中的若干主题，从个别案例的动机和意义入手，阐述人的行为与建筑空间的关系，思考每一个设计所遇到和解决的问题。

● 城市型居住空间：长条形房屋（平台式房屋，联排式城市型住居）

这是近代以前的房屋形式，是欧美各个城市最重要的组成因素，是长久不衰的居住形式。经历了 1666 年的大火灾后，被大众化的伦敦长条形房屋就是典型案例。该住居的特点是，具有相同形式的住家呈长条形排列，主要楼层比路面抬高一定高度。因而也称为平台式房屋。该住居通常采取地上 3 层或 4 层，地下 1 层的格局。地下为家务室，首层为商铺或者起居室，上层是卧室，最顶层为佣人间。每户的开间都比较狭窄，几乎占满用地，上下扩展房屋面积，利用分户墙连接其他住户，形成连续排列状房屋形式。这是欧美多数城市通用的城市型住居形式，可以说是欧美城市居住特征。

从马路进屋，要经过干燥区域和一段较高的台阶。由干燥区域和台阶组成的空间，沿马路呈带状连续空间，既是城市空间的一部分，又是私人空间，具有中间特性。虽然马路一侧设有主要房间，由于设置较高的台阶，既可以保证房间的私密性，又与城市空间相连接。从城市外部环境的关系上看，这是不错的住居形式。

● 驻留在城市的住居：公寓的诞生

到了 19 世纪，工厂排出的浓烟和污水等污染物质以及从农村涌入城市的低收入阶层人口的膨胀，使得城市环境极端恶劣。欧美各个城市的中心区，几乎到了人不能居住的程度。面对这个问题，提出了 2 个解决方案。其中的一个方案就是下面要提到的英国、美国等国家实施的郊区化，另一个方案就是以巴黎为首的内陆各城市实施的城市改造。

1850 年，巴黎的人口已经超过 100 万，人口

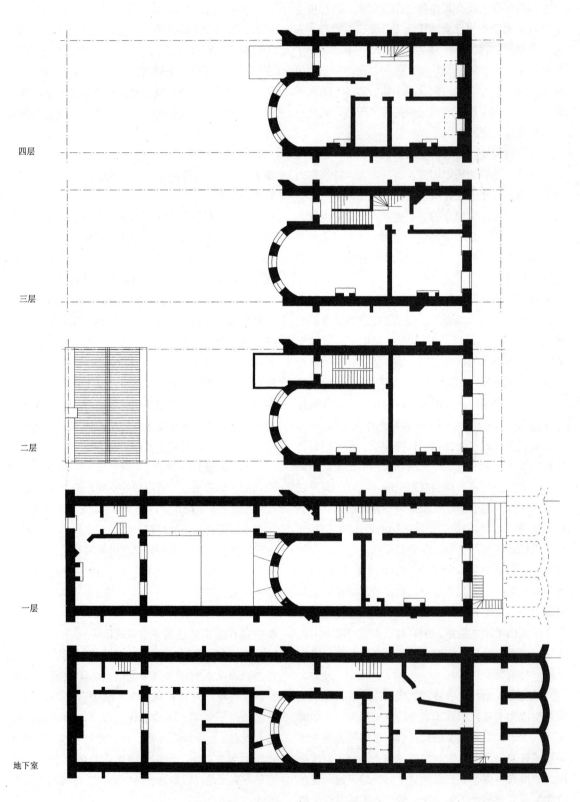

四层

三层

二层

一层

地下室

图5.16　长条形房屋的纵深空间（Row House at Bedford square）
设计：Thomas Leverton/英国伦敦/1775～1780年

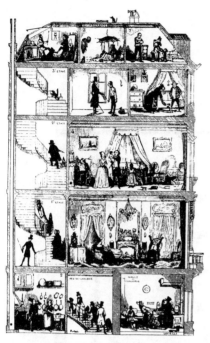

图5.17 巴黎公寓型住宅剖面图/1853年前后的情形（Leonardo Benevolo. The History of the City [M]. MIT Press, 1980: 801）

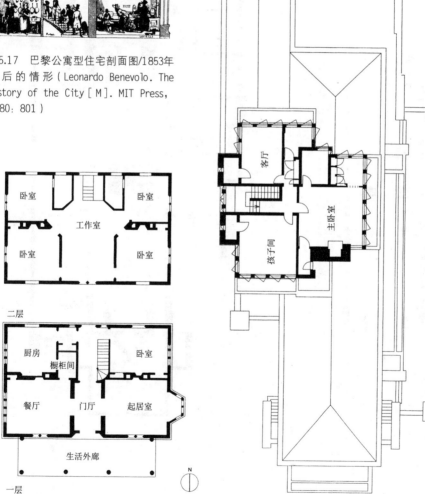

卧室		卧室
	工作室	
卧室		卧室

二层

厨房		卧室
	橱柜间	
餐厅	门厅	起居室

生活外廊

一层

N

客厅

主卧室

孩子间

三层

图5.18 爱德华·W·尼克尔斯住宅（Edward W.Nichols House）
设计：亚历山大·杰克逊·戴维斯/美国新泽西州/1859年

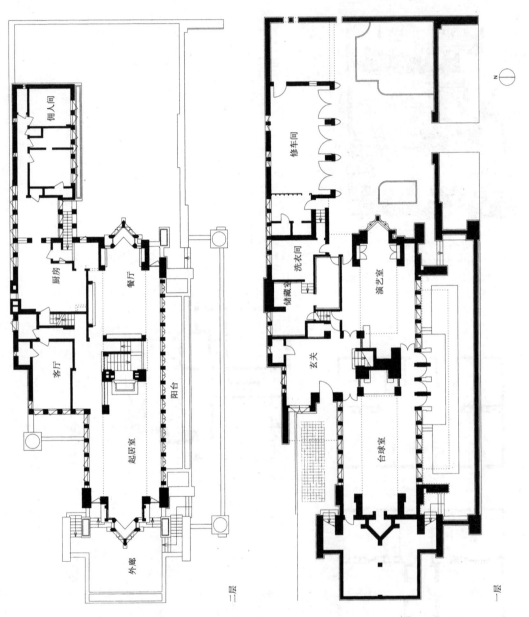

图5.19 罗比私宅（Robie Residence）
设计：弗兰克·劳埃德·赖特/美国芝加哥/1909年

密度是同一时期伦敦中心城区的 2 倍以上。尽管如此，人们还是选择城市中心居住生活。19 世纪 40 年代，首次在巴黎出现了公寓型居住空间。该空间形式与各个房间纵向重复的长条形房屋完全不同，采取一层一户的空间形式。在长条形房屋上，增加层数提高密度的可能性较小，而一层一户的空间形式则完全可以增加楼层层数。同时，一直以来成为一体的土地与住宅的关系开始动摇。没过多久，奥斯曼开始了巴黎大改造，拆除贫民区，修建总长度超过 95km 的宽敞大道。与高层公寓组合在一起，形成高密度城市结构体系。内陆人的城市情结可以追溯到古罗马城市、中世纪要塞城市时代，或许我们可以从中领会他们偏爱城市的城市观。

● 从城市离开的住居：郊区住宅的产生

面对城市环境的恶化，所采取的另一种方式就是逃离城市。伦敦人迅速与城市中心诀别，选择郊区居住生活，在城市中心只留下工作。伦敦作为产业革命的先行者，实体经济人士早在 1790 年就开始移居到离维多利亚地铁车站 5 个车站的一个叫格拉伯姆的小镇，形成了近代意义上的郊区居住地雏形。并确立了在郊区居住在城里上班的、每日往返于城市和郊区的家族生活形态。郊区居住的生活方式，在英国和美国非常普遍。尤其在国土面积广大的美国，说他们在创造郊区居住文化特征也不为过。美国以建国为契机，摸索自己的特色，在雄壮的自然中找到了答案。荒野作为殖民时期纯洁的自然，是一个美丽、欢快而又不可抗拒的对手。文学和风景画不断赞美荒野的美丽，由景观学家 A·J·唐宁和建筑学家 A·J·戴维斯绘制了在荒野居住生活的具体蓝图。有计划实施的住宅用地和住宅建筑，激发了美国人的美好生活憧憬，迅速得到普及。

另外，与外部自然的紧密联系，是郊外居住生活的特点。其最大的形态特征是拥有很大的生活外廊。在外廊，一边欣赏外部环境，一边展开各种日常生活情节。维多利亚家庭城镇作为信奉基督教的理想场所，自然配置起居室和独立房间，这也是近代住宅的原型之一。由建筑师规划的独立住宅，具有近代特有的现象，使得直接表达思想成为可能，反过来又促进了近代建筑的实现和发展。

● 罗比私宅（1909 年）：弗兰克·劳埃德·赖特

赖特在波士顿郊外一边开着车一边得意地跟阿尔特说："没有我实现不了现在的郊区"。"郊区"是美国文化的重要一面，赖特对郊区风景的贡献的确功不可没。的确如此，赖特设计的初期作品草原式住宅所带来的影响巨大。完成罗比私宅的第二年 1910 年，美国家庭的平均人数为 4.5 人，可以认为家族基本上以核心家庭为主。罗比私宅的平面布局情况是：主楼层布置起居室和餐厅，其上层布置 3 间独立房间，首层布置佣人间等附属用房。其基本构成是 L+nB 形式，是为通勤芝加哥的主人和其家庭提供的郊区住宅。从这个意义上，可以认为它是典型的近代住居。

赖特用草原式住宅实现了"破碎箱式建筑"的诺言。赖特舍弃欧美传统的砌筑式笨重墙体围成的建筑形式，采用梁柱框架结构，实现内部与外部之间的新关系。他强调："不应该把内部和外部区分为两个部分，内外之间应该建立你中有我、我中有你的一体关系。"他继续强调："使用玻璃，使室内空间透亮得像自然，建筑物可以是庭院的一部分，庭院也可以是建筑物的一部分，天空和大地对室内的日常生活来说，同样都是重要的因素……玻璃既是窗户又是墙体，不需要像以前那样在墙壁上挖洞做窗户"。罗比私宅的空间概念，正好与中西部大草原的自然文脉相吻合。私宅设计中，采用的另一个重要因素就是壁炉。在房间布置壁炉是殖民地住宅的传统，赖特把壁炉作为物理性、精神性中心，依此规划和定格空间性格，与玻璃的温暖一起展现住居的独特境界。

● 辛德勒私宅（1922 年）：鲁道夫·M·辛德勒

本作品中的每一个房间都要遵循：满足露营基本需求，也即坚实的背面、开放的正面、暖炉、屋顶。两个主要房间各自通过过厅形成 L 形连接，并对伙伴台开放。2 组 L 形组合呈现 Z 字形，其连接部位布置厨房、洗衣间以及客室和修车库，是一个多功能空间组合。在处理社会、家族、个人三者关系上，如辛德勒所说，各个房间的自律性是本平面设计的最大特点。每个房间都足够宽敞，以暖炉为中心，与庭院等外部联系简捷。完全可以满足两对夫妇在这里活动、就餐、休闲的特殊需求。黑泽隆

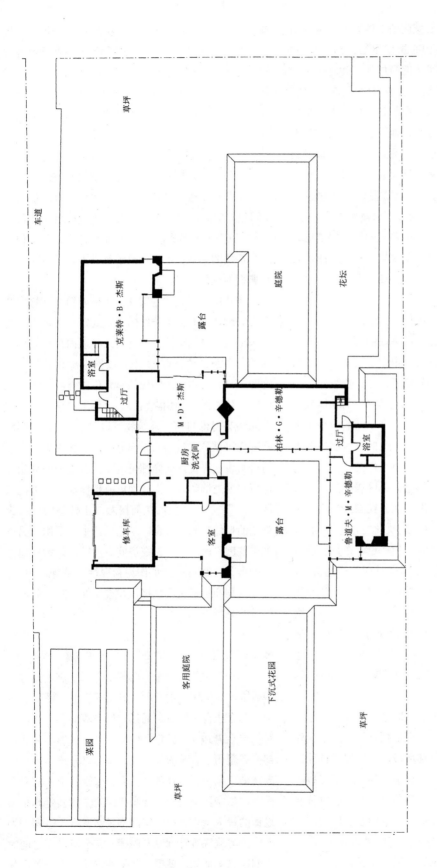

草坪

车道

草坪

菜园

草坪

客用庭院

下沉式花园

修车库

厨房
洗衣间

客室

露台

鲁道夫 · M · 辛德勒

过厅

浴室

柏林 · G · 辛德勒

露台

M · D · 杰斯

过厅

浴室

克莱特 · B · 杰斯

庭院

花坛

N

图5.20 辛德勒夫妇与杰斯夫妇住宅（The Schindler House and the Friends of the Schindler House）
设计：鲁道夫 · M · 辛德勒 / 美国西好莱坞 / 1922年

5. 居住与环境

把辛德勒私宅称作单间群住式住宅，充分体现以个人为最小单位直接连接社会的住居形式。

赖特的住宅以内外境界的模糊为设计原则，相比之下，辛德勒的内外部设计完全一致。辛德勒认为房间内外不应有区别，把兼做基础的地面、壁炉、木屋顶、台式草坪、竹子和壁式灌木等表面性因素组成的全部用地进行水平或垂直划分。室内地面标高与室外标高几乎相等，把室外划分成若干标高，形成落差。屋顶采用两个不同标高的明亮结构，把阳光引入室内。伸出外墙的地面和屋顶组成模糊的中间区域。他强调，即使要划分封闭和开放区域，也不能完全封闭和空间不能间断，整体上要消除内外区别。

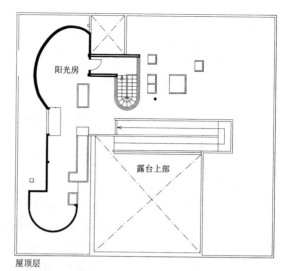

● 萨伏伊别墅（1931年）：勒·柯布西耶

虽然还没有达到"是建筑还是革命"的程度，但是针对近代精神状态与以往环境之间的不和谐问题，柯布西耶多次提出自己的观点，并在建筑中具体体现。他没有选择罗马式而是选择希腊式白色几何学形态，利用新材料和新技术直截了当地表现多米诺空间形式。在设计中充分展现在荒废的城市环境中保证劳动者安居的近代建筑5要素，即低层架空、屋顶花园、自由的平面构成、长条窗以及开放的正面。萨伏伊私宅不愧是被称为白色时代的20世纪20年代众多言行和活动的顶点。位于巴黎近郊，普瓦西丘陵上的纯白色长方体，在单纯的形态中所包含的内容和意义却是多重性的。利用架空层和屋顶花园以及主楼层的平台形成中间区域，避免内外部的直接联系。而另一方面，利用长条窗表现空间的开放性。从概念上看，试图使内外部成为一体或者达到均匀性。曾经在拉·卢休私宅中尝试过的，号称"建筑漫步道"的空间动线设计，在萨伏伊私宅中，用位于中心区域的斜向路替代。目视高度连续变化的斜路，无论从空间上还是概念上，始终位于中心位置，使得时间和空间具有同样的性质。还有，格子般布置的均匀柱列，通过斜路发生变化，形成复杂的组成关系。各种不同层次的概念和实体要素形成复杂关系，最终获得"困惑的整体"。

私宅的平面形式采用L+nB形式，是居住在巴黎的萨伏伊夫妇周末度假的地方。

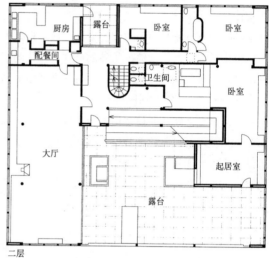

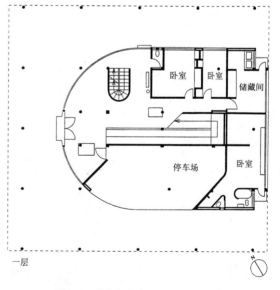

图5.21 萨伏伊私宅（villa savoye）
设计：勒·柯布西耶/法国普瓦西/1931年

●范斯沃斯住宅（1950 年）：密斯・凡・德・罗

"人在那里能居住吗？"这是密斯的空间概念第一次在住宅中被具体化的，于 1930 年竣工的图根哈特私宅时的人们的评论。把主要楼层的大房间仅按照功能划分，并不完全"包围"，"房间"、"功能"等传统概念和界限受到冲击。范斯沃斯私宅是根据一位妇人的周末度假要求设计，避免了同样的疑问。不过，实际上居住要求与创作手法之间存在更为密切的关系。

空间以核心或者核心中的壁炉为中心展开，整个空间不是被玻璃而是被用地内外的自然所包围。香山寿夫所确定的建筑空间的基本构造即"内部空间的对外开放，被其他位置的封闭来补充"的观点，从整体环境结构上看，与范斯沃斯住宅相吻合。该私宅的最大特点就是内部空间的完全开放。自郊外住宅诞生以来一直追求的，与外部环境一体化的想法，在此表现得淋漓尽致。密斯说："建筑始于精心砌筑两块砖"，他的话同样适用于近代建筑材料铸铁和玻璃。范斯沃斯住宅由地面和屋顶的水平玻璃和八个被玻璃包围的细长柱子组成。精妙的连接方法，极大地消除了被包围的感觉。而且，在文艺复兴时期被重新整理，之后反复使用的几何比例关系，也在这里完美体现，达到空前均衡。平面布局包括内部和平台设计，由两个长方形组成的出入口部位非常规整。柱网尺寸是整个房屋体系的基准，与古典次序一脉相通。

●最小限度立体住宅（1950 年）：迟边阳

二战后数年，由于战争出现约有 420 万户住宅需求，要求短时间内提供大量住宅。住宅生产的工业化和建立相应组织成了当务之急。同时，针对如何建造的问题，在思想上以逐渐渗透的功能主义、女性解放等民主思考为基础，在具体落实到居住上提出了各种理论和建议。但是，由建筑师主导大众住宅的机会甚少，池边的住宅设计仅仅是在特殊情况下实现的极少数案例之一。

池边曾经对业主说不能睡在榻榻米上。他是持有这个理论观点的中心人物。重新考察他设计的平面，在总计 47m² 的自虐性狭窄空间中，布置夫妇和一个孩子的生活空间，起居室和卧室都是硬被塞进去的。51C 型公营住宅在极小的空间中实现了食睡分离的 DK（厨房 + 餐厅）型厨房，在这里却变成 LDK（起居室 + 厨房 + 餐厅）型布局，从而确保强调个性的独立房间。从图纸上看，在 L+nB 形式的基础上，布置有床，有兼做卧室的用意，还挤出书斋空间。到 20 世纪 50 年代前半叶，有关定型小

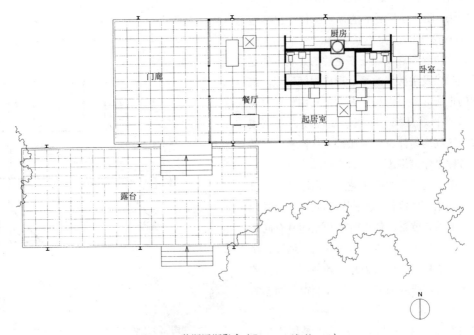

图5.22　范斯沃斯私宅（Farnsworth House）

设计：密斯・凡・德・罗/美国伊利诺伊州帕拉诺/1950年

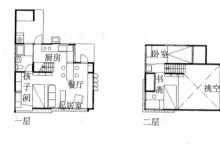

图5.23　最小限度立体住宅
设计：迟边阳/东京都新宿区/1950年

住宅设计方法的各种概念，大多进行了先驱性的实践活动。具体为：排除以往的日本住宅中的封建因素榻榻米、壁龛、隔扇拉门等，采用被证明为合理的格子，取消后侧小屋等无用空间，设置利于使用空间的储藏空间，在不显眼的地方设置设备管线的小型集中布置区域，为减轻主妇家务劳动的动线设计，将作为团聚场所的茶室改为起居室等。所有布局如同立体式集约般在高度仅为5.3m左右的单坡屋面下完成。

● 丹下健三私宅（1953年）：丹下健三

罗比私宅、范斯沃斯住宅的中心空间呈开放性，是一种通用空间的空间概念形式，而丹下健三的私宅明确用墙体分割空间，其内部空间完全不同于西方传统形式。范斯沃斯住宅在立项阶段的1949年，被介绍到日本，其概念和实际完成的作品成为日本近代住宅争相超越的目标对象。丹下健三原本也是推崇具有相同构造的日本建筑，即由梁柱和榻榻米组成的没有限定性的空间。在其私宅设计中，采用架空层，缩短主要楼层中心距离，从通用意义上，更加显得进步。即便如此，实际生活总是需要L+nB形式的空间格局，通用空间只是瞬间释放活力而已。正因为如此，在密斯设计的住宅平面，较多描述家具布局来确认行为和空间的关系。

该住宅采用木结构，面积约140m²。对那个时期采用木结构建造私宅的逆反行为，进行评价没有太多意义。因为木结构是日本固有的空间构造，可以使日本地方性与近代普遍性同时存在。由于房间尺寸需要依据榻榻米的尺寸，比例都是1:1、2:3、3:4等简单整数，房间高度也可以采取整数关系。

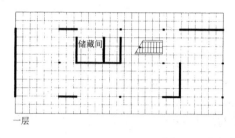

图5.24　丹下健三私宅
设计：丹下健三/东京都世田谷区/1953年

低层架空造型虽不是日本独有，整体上成为一体，平面组成也比较均衡。总之，该私宅还是完美表达了行为与空间的关系。

● 清家清私宅（1954年）：清家清

根据筱原一男的设计理念，建筑师没有责任设想设计当时还没有显现出来的将来生活的可变性。另外按照宫协檀的设计理念，也有设想这种变化的战略。本住宅建造在父母家的后院，属于两代近距离居住，随着世代交替获得自然和机会，使得改变成为可能。除去地下预备间，该住宅为面积仅50m²单层平屋顶房屋，起初按照夫妇和两个孩子居住设计，后来包容夫妇和4个孩子在那里生活。基本上是一个大房间，按照本人的说法就是"铺设"，完全是日本式思考方式，使居住成为可能。因此，从平面图中不可能读取生活的全貌。如果能看到他们是利用帘子和移动式榻榻米，来切割起居室、工作间、卧室的，就已经很好了。

由梁柱组成的框架结构是近代建筑的起点。从这个意义上讲，日本建筑原本也具有相同性质。由此重新评价日本建筑，产生了被称作新日本格调的传统设计倾向。把池边的合理主义和日本式方法叠合在一起看，这种住宅在概念上或多或少还是成立

图5.25　清家清私宅
设计：清家清/东京都大田区/1954年

该改为 L+B（夫妇的卧室）+n 孩子室，其中 L+B 是夫妇的空间。因此，正确的理解应该是：夫妇的房间 +n 孩子室或者夫妇的房间 + 其他房间。蓝天住居完全符合这种理解。

无需具体谈及柯布西耶的近代建筑 5 要素，摆脱潮湿、不卫生的地面，为自由平面而舍弃坚固的墙体就是近代建筑的特点。这种形态特征与夫妇为核心的近代家族理念直接联系在一起，在蓝天住居中得到具体展现。2 层高的架空层，名副其实的把住居托举在天空中。在平面设计上，从概念上讲，只有 4 个壁柱是不能移动的要素，其他设备组件等所有布置均为可移动或可变的。以不动与可变和城市大地相连接，随时可以移动或改变室内布局，它就是名副其实为夫妇二人提供的一居室住居 – 蓝天住居。等有孩子时，在架空层吊起来建造孩子间，夫妇房间不受影响。可以说蓝天住居展现了近代住居的终极状态，完全可以认为是完美无缺的通用空间。不过，概念性的自律和实际之间总是存在差别的，如：该住居形态的完整性是拒绝被改变的。一个作品的出现总会携带一些不可改变性。

的。与功能关系密切的结构墙布置，其延长线上承载屋顶天花板的屋架，非常柔和的分解空间，保持空间的连续性。由两侧抗震山墙定格房屋走向，与称作室外生活庭院的前庭成为一体，非常有效地克服了空间狭小的缺点。采取不换鞋进屋、厕所不使用推拉挡板等激进做法。不过，从各个观念的试运行结果看，可以认为其内容是统一的和丰富的。

● 蓝天住居（1958 年）：菊竹清训

筱原一男把战后小型住宅的主题，表现为一个房间和架空层。蓝天住居就是该主题的完美体现。黑泽隆对现代生活的平面形式 L+nB 的理解是：应

● 油纸雨伞之家（1962 年）：筱原一男

"日本的主妇应该多活动"。这是筱原一男对承担某大学住宅设计课题的学生苦于如何解决晒衣区

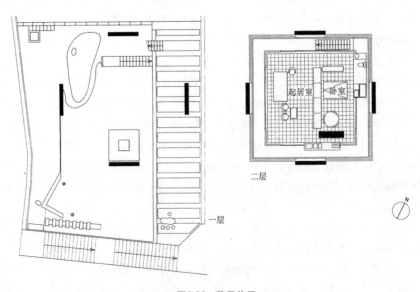

图5.26　蓝天住居
设计：菊竹清训/东京都文京区/1958年

图5.27 油纸雨伞之家
设计：筱原一男/东京都练马区/1962年

动线过长问题的解答。或者这与厨房形态有关，筱原不顾业主主妇之 L 形厨房使用方便的主张，将厨房布置成 I 型。对筱原来说，在战后兴起的小型住宅实用性问题上，不太赞成过度的功能主义。如前所述，20 世纪 50 年代中叶的战后住宅设计主题，可以概括为一间房间和架空层。围绕这两个主题，聚集了众多资源，形成了住宅设计的高潮期。但是，在日本，小型住宅加上一间房子是不得已的建设措施。随着小住宅问题的解决，以密斯的范斯沃斯私宅为目标的一间房间主题，逐渐失去了意义，已经不能继续坚持下去。开始从战后的住宅理论过于导向功能的事实中反省，主张要回到重视人类与空间的关系上。筱原一男认为，撰写论文和创造建筑是一致的。他本人也是遵循这个原则，从事住宅设计实践活动。

筱原一男告诫大家："不要认为满足日常生活功能，一定需要建筑师的存在"，"小型住家首先必须是在人类与空间的直接关系中形成"，"建筑师的责任在于把住宅当成艺术品"。5 年以后，他的这些言语汇总成"住宅已经成为艺术"。他的原话就是："当今的住宅设计，如果在其空间中不给予高密度艺术性，则其社会性存在理由几乎微乎其微"。

● 尖塔之家（1967 年）：东孝光

我们把郊区住宅称作从城市离开的住居。它预示着：如果继续居住在城市中心，由于城区密度高，必须采取某种集合化形式。不过，尖塔之家是位于东京城市中心 - 青山的，一处狭窄土地上的独立住宅。看得出无论如何也要在城市中心居住的决心和意志。它不是郊区住宅或者公寓，是一种城市型独立住居的居住形式。东孝光本人十分认同能够自给自足、独立性强的农村住宅和依附于城市便利性的城市型住宅，追求住宅的独立性和便利性。如同他

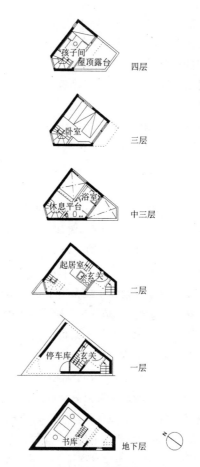

图5.28 尖塔之家
设计：东孝光/东京都涉谷区/1967年

所说："我只能认为，郊区型住宅刚建成就会出现破绽"。把郊外的风景当作虚构的观点，或许来自生产土地与相分离的居住方式之间虚的关系。该建筑用地面积仅为 20.56m²，与城市大马路相邻。作品的特点取决于业主的决心和用地条件。如今的城市具备各种功能，原本只能在家里完成的行为，有许多可以被城市替代。可以在饭馆吃饭，在旅馆睡觉，利用自助洗衣机洗衣服，可以把便民店当作冰箱。利用城市功能，居住负荷可以逐渐降低，正如一间公寓能够继续存在一样。不过，尖塔之家并不局限在满足住居的基本功能。在层数 6 层、总建筑面积为 65.05m² 的空间里，从下到上依次布置书库、工作室、修车库、LDK、浴室、厕所、卧室、孩子间等，从 LDK 层以上是立体式一间房。从马路到玄关需要上半层高台阶，可以看作是一座不是联排的长条形房屋。

●蓝色盒子住居（1971年）：宫协檀

宫协檀的住宅设计作品名称，多数后缀"某某盒子"，除极个别以外，其余都是"混木结构住宅"。所谓混木结构住宅，是针对建筑师、城市规划师的"理应如此"与人的行为未必一致的问题，有意识地划分对应于城市和人不变的部分和随人的生活可变的部分，进行建造住宅的方法。利用钢筋混凝土的单一形态建造盒子，利用木结构建造内墙和家具。

蓝色盒子住居于1971年在东京世田谷多摩川附近的陡坡地上建造。为了从悬崖中挑出盒子，整个箱体采用钢筋混凝土结构，为了降低结构重量，箱体内部采用木结构。这是宫协檀在其作品秋天相互银行盛冈分行设计中摸索出来的基本原型的首次有意识性选择，也是其作品松川盒子中，作为自律方式采用的木—混凝土结构形式的最后一次无意识的选择。初始的几何学形态表现作者的自我，细致的内部构造符合人的本能性活动。混木结构住宅的特点，就是能够较好反映这种反差。在追求现代风格，营造现代生活中，宫协檀对由起居室和单间构成的近代住宅提出了质疑。使用"孩子不需要单间"、"起居室到底做什么用"等极为简单易懂的言语来表达他的观点。大约在100年前诞生，战后引进的、近代家族使用的近代住居遇到了挑战。自20世纪70年代，现代生活方式尘埃落定以后，开始听到对近代住居的评价与反省的声音。

●住吉之长条屋（1976年）：安藤忠雄

与尖塔之家一样，住吉之长条屋设计也受制于热衷城市居住的住家意志。所不同的是，如果说东孝光的尖塔之家属于城市肯定论范畴和正规战略，安藤忠雄的住吉之长条屋则属于否定城市环境和游击战略。在1972年的标题为"城市游击住居"的声明中，明确表示厌恶和拒绝外部环境，强调个人意志，主张与城市抗争的"环境包装"。以近代以来与自然隔绝的人类生活方式为题，既然还住在城市，作为解决矛盾的方法，从空间上，城市不得已与绿色隔开。说到底个人是中心，住居应当以个人的居住意志为中心，住居只是包住其意志的贝壳。之后他在观念上做了改正，重新呼吁与自然的关系。具体分析本案例，除了玄关以外，还有理应设置开口的外墙体和中庭。狭窄开口部的长方形用地中部是中庭，在其前后左右布置4个内部空间。各房间之间必须经过外部才能相互连接。如此与"自然"相处并且保持经常性关系，多少也感知住家的意志以及用心程度。但还是有功能性建筑疑问，总不能夜间打着雨伞上厕所吧？还有，从安藤的诸如"从原点改进只属于那里的生活"、"在抽象的空间和具体的人类生活之间引发有刺激性的冲突"、"不管使用对象的善与恶，使场所震撼刺激"等的言语中，很直白地表现出其思维模式。

对家族来说，自然独立个性为先。不过，包括游击住居，很多住宅都是采取以夫妇为核心的正统

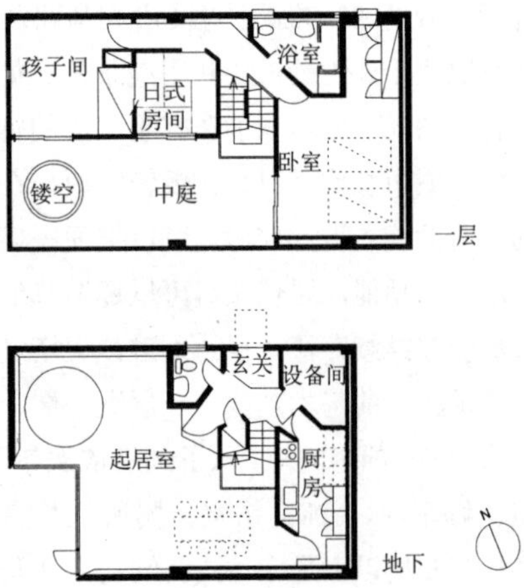

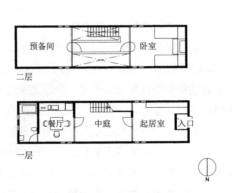

图5.29 蓝色盒子住居
设计：宫协檀/东京都世田谷区/1971年

图5.30 住吉之长条屋
设计：安藤忠雄/大阪府大阪市/1976年

近代住宅形式。正因为如此，才出现对其空间的质疑声。

●带边帽住居（1984 年）：伊东丰雄

伊东丰雄设计的住宅平面，是比较公正的现代生活模式。也就是说，房间名称虽然改变，但是在 20 世纪 70 年代至 20 世纪 80 年代间建造的大部分住宅，都遵循 L+nB 的组成模式。其相位性与典型的商品住宅作比较，完全一致。因此，其家族生活形态或许都是近代家族式类型。那么，这里还存在什么问题吗？

伊东丰雄把自己 20 世纪 80 年代中期以前的作品划分成"风的变形体"和"光的变形体"两组。除 1971 年设计的铝合金之家以外，于 1984 年设计的带边帽住居属于风的变形体。所谓风的变形体，是指犹如柔软的布片披在身体般的心情愉快的状态，而且通过否定持续性，确保现实的快乐心情。把身体比作建筑，衣服、椅子、房间、建筑、城市空间均与身体相关，身体与建筑没有什么差别。也就是说，需要设计如同柔软布片包裹身体般的建筑。他采用无孔和带孔金属板材，实现了人体皮肤般的空间。房屋结构由 3.6m 网格钢筋混凝土柱和 7 组钢桁架组成。其中最大的一组桁架完全覆盖庭院，具体表达城市住宅中的开放空间意图。其他各个空间均对半室外型生活空间 – 庭院开放，并保持各个空间的连续性。"我想建造没有内外区别的建筑"，这是伊东丰雄对建筑的寄语。不过，它不符合近代住居命题。

●熊本县营宝田窪第一小区（1991 年），冈山之家（1992 年）：山本理显

在决定日本现代住居的各种因素中，其中的若干问题与集合式住宅的发展有密切关系。食与住分离最初的案例，椅子型餐厅完全克服了空间的狭小，是具体落实的措施之一。或者 L+nB 的空间布局在集合式住宅设计中更加明确要求。还有住居的隐私问题，集合居住中的公共空间等问题开始显现。人类社会分社会和阶层，个人、家族、交流是它的特

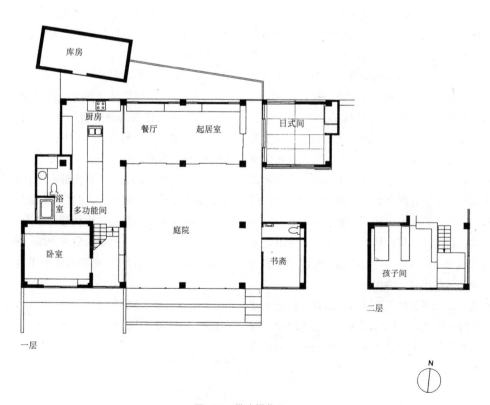

图5.31　带边帽住居
设计：伊东丰雄/东京都中野区/1984年

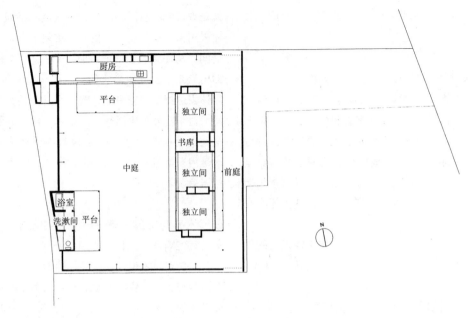

图5.32 冈山之家

设计：山本理显/冈山县冈山市/1992年

征，如何处理个人与社会的关系，始终是需要面对的问题。山本一直参加有关住居问题的争论，在熊本县营宝田湮第一小区，尝试用空间关系表达上述社会问题。在平面布置中，采取由每个住居包围小区全体共有的公共空间的手法，不经过各家门槛就进不了公共空间。出入口面向道路的110户住家平面呈环形状围住公共空间。所有住户朝公共空间开设入口，由各住户控制公共空间。

第二年，一改社会－家族－交流的集合住宅关系，把一户住宅改变为社会－个人－家族或者交流的关系，这就是冈山之家。这是家族的一次住宅试验，不是同一个家族的个人能否在此共同生活，成了讨论的焦点。以夫妇为核心，围绕起居室布置单间的方式，造就了近代住居。可以认为，冈山之家试图解开当今单身居住问题的症结，开辟了摸索当今或者未来居住形式的端倪。

丈夫上班，妻子做专职家务。这种责任分工使得夫妇成为一体。换言之，没有搭档就没有功能。即夫妇作为社会的基本单位，从结构上约束了近代家族，由此产生近代住居。不过，如今随着女性回归社会等原因，使夫妇成为一体的前提受到挑战。按照宫协檀的不需要孩子间的主张，我们是否要回到人类最初的一居室住居形式？或者像黑泽隆和山本理显那样，把社会立足于个人，强化单间？或者像筱原一男那样，采取超越社会、家族等问题的态度？

以上，对以住宅外部的生产活动为前提的近代住宅和以近代住宅为原型的当今住宅的具体方法，结合若干案例进行阐述。住宅的行为还在继续变化，随着信息技术的高速普及，工作即生产活动回归居家的现象日趋常态化。还有在前面提到的那样，电子装置正在淡化家族概念，或者至少促其发生变化。当今的技术革新，是否像近代那样成为建筑变革的推动力，尚无定论。但是，毋庸置疑，它已经成为与生活直接相关的问题，必将对住宅提出一些改变。

[图面制作协助]：东条晓男，柾谷祐介

[图面（平面图）比例]：1：300

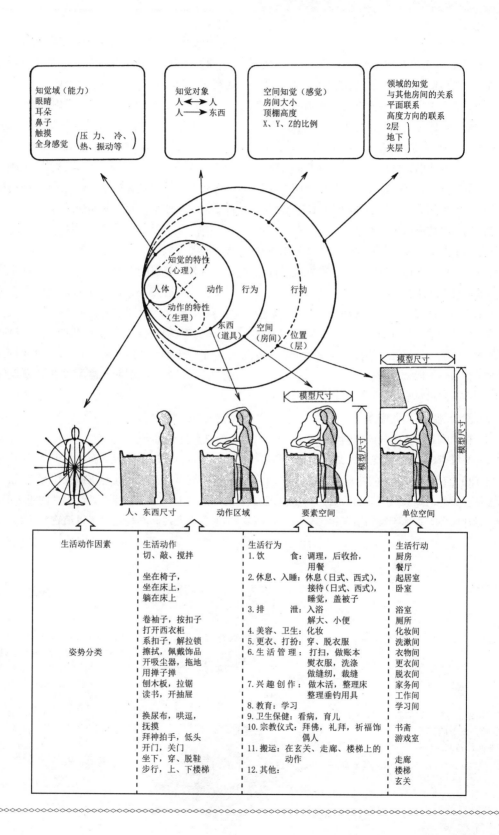

知觉域（能力）
眼睛
耳朵
鼻子
触摸
全身感觉（压力、冷、热、振动等）

知觉对象
人←→人
人——→东西

空间知觉（感觉）
房间大小
顶棚高度
X、Y、Z的比例

领域的知觉
与其他房间的关系
平面联系
高度方向的联系
2层
地下
夹层

知觉的特性（心理）
人体
动作的特性（生理）
动作　行为　行动
东西（道具）
空间（房间）
位置（层）

模型尺寸
模型尺寸
模型尺寸

人、东西尺寸　动作区域　要素空间　单位空间

生活动作因素	生活动作	生活行为	生活行动
	切、敲、搅拌	1. 饮　食：调理，后收拾，用餐	厨房 餐厅
	坐在椅子，坐在床上，躺在床上	2. 休息、入睡：休息（日式、西式），接待（日式、西式），睡觉，盖被子	起居室 卧室
	卷袖子，按扣子 打开西衣柜 系扣子，解拉锁 擦拭，佩戴饰品 开吸尘器，拖地 用掸子掸 刨木板，拉锯 读书，开抽屉	3. 排　泄：入浴 解大、小便 4. 美容、卫生：化妆 5. 更衣、打扮：穿、脱衣服 6. 生活管理：打扫，做账本 熨衣服，洗涤 做缝纫，裁缝 7. 兴趣创作：做木活，整理床 整理垂钓用具	浴室 厕所 化妆间 洗漱间 衣物间 更衣间 脱衣间 家务间 工作间 学习间
姿势分类	换尿布，哄逗，抚摸 拜神拍手，低头 开门，关门 坐下，穿、脱鞋 步行，上、下楼梯	8. 教育：学习 9. 卫生保健：看病，育儿 10. 宗教仪式：拜佛，礼拜，祈福饰偶人 11. 搬运：在玄关、走廊、楼梯上的动作 12. 其他：	书斋 游戏室 走廊 楼梯 玄关

6.1　现代建筑设计方法

a. 序言：设计领域的扩大

　　大规模建设与废弃的建筑方式开始发生改变，要求精心建造和使用每一个建筑。进入这样的时代，建筑设计的意义重大，因为无论何种建筑都只能要求唯一的价值。但是，建筑具有多面性，对何为价值的评价也是不同的。印象深刻、好看，很好用，不能忘怀，主旋律的评价高……以上这些都是唯一的、重要的，但都相互关联，有时甚至相反。

　　现代设计犹如大海里的小舟。如4.1节所指出，需要考虑的问题枝权很多。不仅结构、构造、设备、材料等技术上的选择多，而且设计理论和方法也是各式各样。国内外的信息也很丰富。在众多可行性中，所有项目都要求实现唯一的建筑。

　　本章节列举现代建筑师的独创设计案例，他们面对特定建筑，采取独特的方法聚焦重点，尽显建筑的艺术性，赋予建筑唯一的价值。聚焦重点的各个侧面可分为以下四个类型：

　　（1）由不同材料组合成形的"物体"侧面；

　　（2）基于现象感知的侧面；

　　（3）行动或者产生变故的空间侧面；

　　（4）与城市、景观、历史等大文脉相关的侧面。

　　把（1）当作"物体"的建筑建造是建筑师的基本工作。另外，从（2）到（4）必然伴随建筑的侧面，设计结果与客体不符的情况很多。因为在现代，领域不断扩大，在（2）中当作现象的处理方法，在（3）成为人类的活动的侧面，在（4）变成包括建筑在内的环境、时间的变迁处理。

　　拉维莱特公园设计竞赛（巴黎，1982）是设计领域扩大的一个案例。不管是付诸实施的伯纳德·屈米的一等奖方案（图6.1），还是引人注目的R·库哈斯（OMA）方案（图6.2），都采用和以往图面表示方式不同的图表表现方式。这是因为他们的主体都是把现代城市公园中的人的活动以及场景变化当作新的大纲（相当于上述类型中的（3）与（4）），很有必要采取新的表现方法予以呈现。

　　这种"建筑的大纲化"设想，必然伴随设计领域的扩大。仔细一想，日本建筑规划的处理方式，也是以近代化时代要求为背景，把空间和定型活动（所谓的用途）的新关系大纲化的过程。最近以来，这种定型化关系开始瓦解，再一次呈现纠正建筑大纲的活动。以下，按照四个侧面顺序，纵览现代建筑。

b. 作为物体的建筑

1）复杂形态

　　建筑设计决定建筑形态。其中，逃不脱的责任和魅力同时存在。因此建筑师往往把焦点放在形态的唯一性上，经常选择不是常识性的四边形、直角的形态来表现。其构思大多以植物、动物的有机形

图6.1　拉维莱特公园，伯纳德·屈米的方案（实施方案，1982年）（左）
GA DOCUMENT EXTRA 10 Bernard Tschumi, p.35.

图6.2　拉维莱特公园，库哈斯的方案（OMA）（1982年）（右）
Rem Koolhaas OMA [M]. Princeton Architectural Press, 1991: 93.

态为构思源。不过，到了20世纪末，建筑形态更加复杂。由弗兰克·盖里设计的毕尔巴鄂古根海姆美术馆（参照 p.149）就是其中的代表。这种表现的背后，离不开计算机辅助建筑设计的普及。从初期原型到模型制作，以及实施设计到实际材料制作，完全可以由计算机辅助完成。

有时，抽象的和有变化的东西成为形成形态的主题。与盖里同为美国建筑师的彼得·埃森曼，以动感十足、瞬间停止的手法，设计了哥伦布国际会议中心（图6.3）。

2）结构与材料

结构或架构是建筑提供人类内部空间不可缺少的要素。为此，利用结构体本身表现建筑的手法很常见。钢筋混凝土结构是近代研究出来的结构形式，经

常用来当作表现建筑手法。其中，不采用任何饰面材料，利用细致的表面处理，达到无欲望性空间目的。这是安藤忠雄的表现手法，给建筑界带来不凡的影响（图6.5）。此外，内藤广是善于把握构架特性的建筑师。他设计的牧野富太郎纪念馆，把围绕中庭展开的展览空间，使用组合木构架覆盖（图6.6）。

在近代建筑中，新型结构技术与建筑成为一体的案例很多。例如：桁架、壳体、悬挂、膜结构等都是典型的新型结构技术。近年来，坂茂设计的，采用复合纸管为支撑结构的临时建筑，由于重量轻且可回收利用，成为热门话题（图6.7）。

把建筑的各个组成要素系列化，也是一种设计方式。采用标准化尺寸体系，把构件和构造规格化。在日本传统木结构中，其实存在类似的体系。到了

图6.3　彼得·埃森曼：哥伦布会议中心（早安！哥伦布，1993年）
摄影：Jeff Goldberg, a+u9309 pp.132-133, P. Eisenman "Diagram Diaries" Universe 1999

图6.5　安藤忠雄：阳光教会（大阪府，1989年，日曜学校改建，1999年）
摄影：新建筑照相部

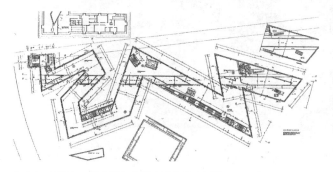

图6.4　丹尼尔·里布斯金文犹太博物馆（柏林，1998年）

图6.6　内藤广：牧野富太郎纪念馆（高知县，2000年）
摄影：日色真帆

20世纪，利用工业生产低成本开发并大量生产的新材料和新结构用于建筑建设。难波和彦把这种方式当作没有多余的朴素的生活美学，进一步把装饰、建筑器具、家具标准化，利用简单外形设计出一系列一居室空间："箱子之家"（图6.8）。

限研吾设计的马头町广重美术馆，虽然也是采用单一材料，但是对比性还是很强（图6.9）。利用木质格栅把内外部统一起来，巧妙之处在于掩盖了钢结构骨架。木格栅从视觉上产生一种模糊境界效果，这就是建筑师所关心的，下一节要阐述的建筑现象。

c. 建筑现象

1）表面

不能否定建筑在环境中的存在。如何使建筑的存在感变轻，使其变成电影中的一幅幅画面，对建筑师是一个很大的挑战。这是极端强调建筑知觉方面的观点，在20世纪末非常流行。

消除存在感，必须注重形成建筑外观的表面和构造。尝试着采取粘贴照片、玻璃上印制图案、涂刷纤维等各种建筑皮肤材料。组合各种材料所具有的透明、半透明、反射、折射、图案等性质和色彩效果，使建筑呈现不可思议的形象。且随气候和时间差，其表情戏剧性的发生变化。有趣的是，电影般形象化的建筑背后，都存在尖端技术的身影。

法国建筑师让·努维尔，自20世纪80年代，致力于研究光线与建筑表面的关系（如：阿拉伯世界研究所设计，1987）。他在卡蒂尔财团大楼设计中，使正面的全玻璃幕墙和沿道路的玻璃屏重叠在一起，使周边物体形状很复杂的映入建筑物表面，产生了建筑物被消失的效果（图6.10）。

瑞士的建筑师J·赫尔佐格和P·德·梅隆在20世纪90年代，设计出现代美术建筑。他们采用孔板印花法，把树叶照片印制在半透明聚酯材料，作为屋檐、墙体外用材料（图6.11）；在铁路信号大楼设计中，采用兼有电屏蔽作用的铜质百叶窗包裹整个建筑物。当按住百叶窗中间部位时，建筑正面呈现

图6.7 坂建筑设计：纸的教会（兵库县，1995年）（右下）
摄影：新建筑照相部，JA42

图6.9 限研吾：马头町广重美术馆（栃木县，2000年）
摄影：新建筑照相部，新建筑0011，JA38，限研吾

图6.8 难波和彦：箱子之家-Ⅰ（东京都，1995年）
摄影：新建筑照相部，新建筑住宅专辑9508

不可思议的现象（图6.12）。同为瑞士建筑师的彼得·卒姆托，在布雷根茨美术馆设计中，把每层混凝土墙面顶部敞开（共4层，为了从侧面通过顶棚采光），建筑四周采用鳞片状大型玻璃板。从远处看，位于湖边的美术馆，犹如玻璃照明器具（图6.13）。

在日本也有类似的案例。建筑师妹岛和世和西

泽立卫，采用印制木纹图案的钢化玻璃，覆盖小进深建筑物（图6.14），使木纹和周围绿色映入玻璃面。伊东丰雄设计的仙台传媒台是21世纪初议论最多的建筑物（图6.15）。矗立在路边的榉木，透过建筑正面的双层玻璃屏映入室内，一边摇晃一边与结构内筒重合在一起。

图6.10 让·努维尔：卡蒂尔财团（巴黎，1994年）（左）
摄影：日色真帆

图6.11 赫尔佐格和德梅隆：尼克拉欧洲工厂和仓库（Mulhouse-Brunnstatt，法国，1993年）（中）
摄影：日色真帆

图6.12 赫尔佐格和德梅隆：巴塞尔的信号楼（巴塞尔，1995年）（右）
摄影：日色真帆

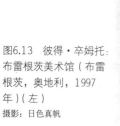

图6.13 彼得·卒姆托：布雷根茨美术馆（布雷根茨，奥地利，1997年）（左）
摄影：日色真帆

图6.14 妹岛和世和西泽立卫：小笠原资料馆（长野县，1999年）（右上）
摄影：新建筑照片部，新建筑9907 p.154

图6.15 伊东丰雄：仙台传媒台（宫城县，2001年）（右下）
摄影：日色真帆

2）知觉

要感知建筑，不能仅仅停留在建筑表面。美国建筑师S·霍尔认为："时间的流逝、阳光、阴影与透明性、色彩现象、纹理、材料与细部等所有因素与整体体验建筑有关系"，同时建筑会引起"所有感觉和知觉的复合性质"（《知觉问题：建筑现象学》，a+u94年7月刊特刊，p.41，本书 p.173）。站在这个立场上看，建筑设计的要点之一就是整合和调整与知觉相关的各种要素。S·霍尔在设计时，经常画若干水彩画，从中感觉光色组合、墙壁质感等。在赫尔辛基美术馆的呈缓慢曲线的出入口大厅的设计中，可以领悟其成果（图6.16、图6.17）。

把光线和阴影当作设计焦点的手法，从勒·柯布西耶、阿尔法·阿尔托等人的作品中也能找到。它是近代建筑坚持的倾向。葡萄牙建筑师阿尔瓦罗·西扎也是其中的建筑师之一，每当进入他设计的礼拜空间，就能感觉到沿内侧白墙射入的充足阳光，仿佛可以用全身感觉存在（图6.18）。

这种手法在只有展示物没有其他夹杂物的鉴赏空间设计中大多成为主题。英国建筑师诺曼·福斯特设计的，位于法国尼姆的 Carre d'Art 是一座现代美术中心，由格栅控制强烈的阳光，使建筑成为透明玻璃箱。从这里可以看到正对而建的罗马时期的遗迹"maison toe Carre"（图6.19）。意大利建筑师伦佐·皮亚诺设计的贝耶勒基金会博物馆，在双层玻璃屋顶上，折线形排列细长玻璃，把调节好的自然光线引入展览空间。设计包括周边景观规划，与丰富的近代美术作品一起，使人充分欣赏自然光、景色的变化（图6.20）。谷口吉生也是一位在空间设计中很好控制光线的建筑师。他设计的丰田市美术馆，其内外境界由双重半透明玻璃幕墙组成，可以从墙面和顶棚吸收折射光线（图6.21）。

d. 行动与空间变故

1）空隙

在建筑现象方面，还有一种手法，就是在风吹日落或者宁静时刻，更加注重动的一侧即注重人的登场活动和可能发生的事情。这种观点比物体更加注重物体之间的缝隙，也就是人登场的空隙。此时，建筑成为可能事情的背景或者舞台。

彼得·卒姆托设计的温泉设施，始于回水空隙（图6.22）。结构体如同石块分布，结构体之间的空隙部分成为内外连通的温泉。人们在这里可以巡游不同石块之间的各种温泉。另一方面，光线透过

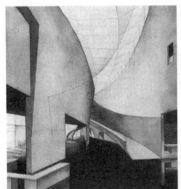

图6.16　S·霍尔：赫尔辛基现代美术馆（赫尔辛基，1997年）（左）
a+u9808 no.335 p.19

图6.17　S·霍尔：赫尔辛基现代美术馆（赫尔辛基，1997年）（下左）
摄影：日色真帆

图6.18　阿尔瓦罗·西扎：圣玛丽亚教堂（葡萄牙，1997年）（下右）
摄影：矢萩喜从郎氏

缝隙照射石头表面，可谓是现象十足的建筑。

古谷诚章和八木佐千子设计的 anbanman 博物馆（1996），设置了通往剧场的大楼梯和连接三层与四层展览厅的楼梯和电梯，使人们可以自如地四处观赏（图 6.23）。

关心空隙，自然会导致空隙实体化并且产生自我造型的倾向。R·库哈斯（OMA）的法国国立图书馆竞赛方案（1989），在这个方面比较突出（图

6.24）。在巨大的书库之间设置了公共阅览室，也即 5 个不同形态的空隙穿梭在书库之间。

2）空隙的立体组成

空隙的实体化进一步发展成为若干空隙的组合形式，用空隙集合体来展现。小岛一浩 /C+A 设计的空间块体——上新庄，就是具有立体曲面形态的，由一居室组成的集合式住宅（图 6.25）。该空间块体采取的方式就是，把由内外以及墙体围成的空隙，

图6.19 诺曼·福斯特：Carre d'Art（法国尼姆，1993年）（上）
摄影：日色真帆

图6.20 伦佐·皮亚诺：贝耶勒基金会博物馆（瑞士巴塞尔，1997年）（右上）
摄影：日色真帆

图6.21 谷口吉生：丰田市美术馆（爱知县，1995年）（右下）
摄影：新建筑照片部，JA21 谷口吉生 p.42

图6.22 彼得·卒姆托：瓦尔斯温泉设施（瑞士瓦尔斯，1996年）（左）
摄影：日色真帆

图6.23 古谷诚章、八木佐千子：anbanman博物馆（高知县，1997年）（右）
摄影：日色真帆

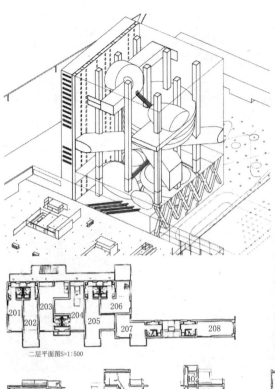

图6.24　R·库哈斯(OMA)的法国国立图书馆竞赛方案(1989年)
el croquis 53+79 p.71, "KOOLHAAS OMA" princeton achitectural press
p.135, S, M, L, XL p.658, a+u 0005专辑 OMA p.250

图6.25　小岛一浩/C+A: 空间块体——上新庄(大阪府, 1998年)
摄影: 日色真帆

二层平面图S=1:500

剖面图S=1:500

互相叠落成搭积木形状。这种处理方式来自设计集团的保守人士,从高密度居住空间的调查中得到启发,采取立体的形式适应复杂的城市空间设计的一种设想(《有关立体化居住空间研究》,建筑与团体基金,1994)。

同样的案例,也在荷兰的设计集团MVRDV的双住宅设计中出现。该住宅进深小,除卧室和水边以外,采取立体形式,将原本一户住宅组装成两户住宅,是一个自路边到庭院通畅的独特建筑物(图6.26)。

S·霍尔在福冈设计的集合式住宅,把2层以上住户布置成竹签型,相互错开,形成4处具备水盘的别具一格的空隙(图6.27)。各住户也都具有立体特性,利用转动家具可以进行空间分割或敞开。

3)倾斜地面与有洞口地面

有一种利用倾斜地面、多洞口地面,设计既不是通道也不是房间的空间,来诱导不寻常行动或会面的设计方式。

R·库哈斯设计的艺术中心位于三个斜面(为通道,分别去往公园、观众席、上层)的交叉处。

其巡游周围的设计意图很明显(图6.28)(也可参照 p.149)。MVRDV 在边长约50m 的正方形平面上,设计了具有向上卷曲的地面、楼梯状地面、挑空、小圆台等的办公楼(图6.29)。青木淳也在动感体的概念下,设计了由画廊兼做展望的螺旋状空间组成的潟博物馆(图6.30)。

前面介绍的仙台传媒台,其地面也被不规则矗立的管开有许多空洞。把地面适当分割,以避免管挡道。人们可以在管之间来回穿梭,可以乘坐电梯上下移动,也可以俯瞰下面(参照图0.2)。

针对空间与可能事件的意外组合问题,B·吉米采取更加极端的态度。他在《建筑与断绝》(鹿岛出版会,1996 年)一书中谈道:"空间的组成方式与其中的项目之间,不存在单一的关系。尤其是在现代社会,项目本身的定义是不稳定的"(p.23),"只有在建筑中切断其内在本质的力量,才是强大的、具有破坏力的力量"(p.20)。许多建筑师都认同这种观点,但是在是否一定要用形态表示、如何表示等的问题上,存在意见分歧。

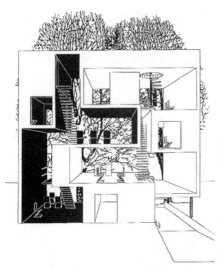

图6.26　MVRDV：双住宅（乌德勒支，1997年）（左）
El Croquis 86 p.122, a+u9809 no.336

图6.27　S·霍尔：nickcess-world 香椎，斯蒂芬·霍尔
楼（福冈县，1991年）（右）
摄影：日色真帆

图6.28　A·库哈斯：艺术大厅（鹿特丹，1992年）（左上）
摄影：多罗尾直子

图6.29　MVRDV：villa VPRO（海勒富特斯勒斯，荷兰，
1997年）（右上）
摄影：多罗尾直子

图6.30　青木淳：潟博物馆（新潟县，1997年）（右下）
摄影：多罗尾直子

e. 文脉中的建筑：城市、景观、历史

上述案例都是设计师可控范围内的单体建筑设计。不过不可否认的是，建筑是置于超越个别控制的城市和自然环境中，是历史产物。设计师要面对如何接受文脉和如何给予影响的问题。这在许多场合将成为设计的关键焦点。

1）城市公共空间

高层建筑作为城市的地标，要求具有特色。原广司设计的梅田蓝天大厦，是连接超高层上部的"连体式超高层"。在170m高的圆形中央，挖出了一个"空中花园"（图6.31）。从远处看到的门式形状轮廓中也能猜出一二，可以在高空室外瞭望。所有这些都是建筑所具有的特色，是建筑师的想象力与时代要求的幸运碰撞。

巨型建筑有时占据整个街区，公共空间的选择方式大多决定建筑本质。R·维尼奥里在东京国际广场设计中，采用镜面型玻璃庭院，在并列的三栋楼之间设置可自由通行的开放空间（图6.32）。

榉树呈格子状矗立在开放空间，树下配置长椅、公共美术作品。照明规划也独具匠心，不管是白天还是黑夜，它都是东京城区珍贵的公共空间。

公共空间在建筑群设计中也是关键钥匙。槙文彦设计的山坡平台（1968～1992年）和山腰（1997～1998年），是分7期历经30年，在建筑师与业主的精心协作下完成的城市景观（图6.33、图6.34）。沿着道路，在每栋建筑之间设置广场、中庭、胡同、有土台的寺庙、地下停车场、集会场等多种

小型公共空间。正如槙文彦的"在空间留下时代印迹"的表现手法，随着情况变化和建筑师的构思，开发也在表情变化之中渐进式向前。门内辉行对此景观的评价是：使用现代建筑言语，塑造传统并行街区，形成了"相似与差异网络"建筑要素（SD 2000年1月刊槙文彦特集，pp.26～35，"门内辉行与槙文彦交谈：解读并行街区之山坡平台／山腰"）。

2）景观

建筑与周边自然环境是一体的，是不可分割的。

图6.31　原广司：梅田蓝天大厦（大阪府，1993年）（左）
摄影：日色真帆

图6.32　R·维尼奥里：东京国际广场（东京都，1996年）（右）
摄影：日色真帆

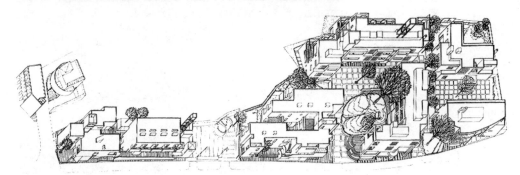

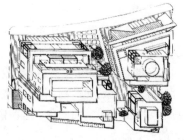

图6.33　槙文彦：山坡平台构思（东京都，1968～1992年）（上）
新建筑9206 pp.234～235，资料集综合篇，p.510

图6.34　槙文彦：山坡平台（东京都，1996年）（左）
摄影：日色真帆

日本的传统建筑都是如此。近年来，经过建筑师与景观设计师的精心协作，在现代建筑中，景观的重要性逐渐被人们所理解和认识（例如：矶崎新、谷口吉生与P·沃克，栗生明与宫城俊作等人的合作）。

在"建筑是第二自然"的概念下，曾经设计湘南台文化中心（1990）的长谷川逸子，就是推崇建筑与景观为一体的建筑师。她在新潟市民艺术文化会馆（1998）设计中，提出在信浓川河边设计浮岛群的设想（图6.35、图6.36）。在最大的浮岛上，设计包括会议大厅、剧场、能乐堂在内的，由玻璃屏幕围成的蛋形平面建筑。利用空中廊桥，把横穿中央的通道大厅、6个空中花园（停车空间的覆盖处、河堤的延伸处等）、业已存在的设施群2层大

厅连接起来，形成全区域巡游网络。

3）历史的诠释

正如从城市、景观中所看到的那样，把建筑置于环境，势必伴随如何解释该处历史的问题。直接再利用老建筑的设计最为引人瞩目。因为，再利用通过重点保护、去掉次要、追加等设计手法，能够回答设计师的解释和创造。如同下面案例，在此领域，欧美积累了很多理论和经验。经过二战后的半个世纪，日本也终于开始踏入设计主题领域。

第一个案例是让·努维尔的设计作品，就是位于里昂市中心，正对着市政厅、于1831年建造的古老歌剧院改造（1993）工程设计（图6.37、图6.38）。为了保护剧院正面和金色浮雕装饰的大厅

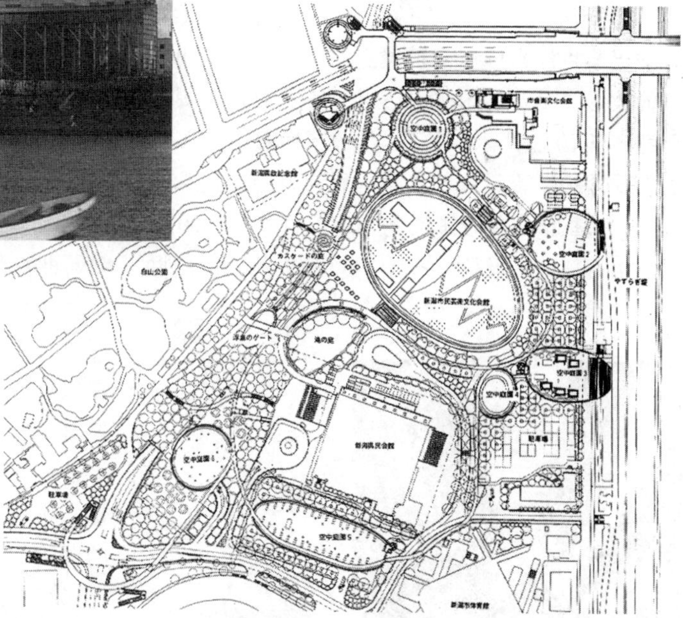

图6.35 长谷川逸子：新潟市民艺术文化会馆（新潟县，1998年）
摄影：大野繁

图6.36 长谷川逸子：新潟市民艺术文化会馆总平面图（新潟县，1998年）
新建筑9901 p.72

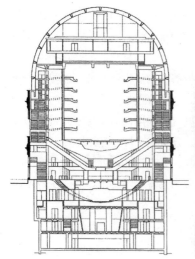

图6.37 让·努维尔：里昂歌剧院（改建，1993年）（左）
摄影：日色真帆

图6.38 让·努维尔：里昂歌剧院剖面（改建，1993年）（右）
SD0010特刊：改造建筑，p.27

以及满足功能要求，采取拓宽地下以及双层玻璃幕墙。大厅设计成埋入历史外壳里的巨大黑色物体（从墙上梁垂挂），内部颜色也用黑色统一。幕墙屋顶的照明系统，与艺术家共同设计，到夜里浮现一片红色。

另一个案例就是由火电厂改建的泰特现代艺术馆（图6.39）。该发电厂是1947年建造的大型建筑物，位于泰晤士河畔，圣保罗大教堂正对面，不能说是一座美丽的建筑物。由雅克·赫尔佐格和皮埃尔·德梅隆负责完成将火电厂改造为泰特画廊的现代美术馆设计。房子中央矗立着烟筒的高大锅炉室外观基本保留，在其上部设置两层高的玻璃箱子"采光大梁"。该"采光大梁"用作餐厅和下层展览空间的高窗采光。原蒸汽室大空间改为出入口大厅。此处利用坡道出入，强调产业设施的活力。原蒸汽室使用的门式吊车用于布置大型作品。

此外，大城市的主要改造项目有：由贝律铭设计的巴黎卢浮宫中庭的玻璃金字塔用作地下出入口的改造（1989）；由伦佐·皮亚诺设计的都灵菲亚特汽车工厂的"林格托工厂"改造（1988～1995）；由诺曼·福斯特设计的"德国联邦议会大厦"改造（1999）和大英帝国博物馆中庭改造（2000）；以及由谷口吉生设计，预计2004年完工的纽约近代美术馆（MOMA）改造等很多工程。这些工程，从构思到完工都经历了较长时间。而且所有设计师都是通过设计竞赛获得设计资格。也就是说，老建筑的再利用，要求具有比新建筑更强更高的构思、知识、经验、判断等多方面能力。

f. 结束语：园艺艺术建筑

上文从物体、现象与知觉、可能事件与空间、文脉等四个方面阐述了特色建筑的设计手法。不过，正如反复强调的那样，建筑是多面性的东西。原本注重某一个方面设计的建筑，经常受到来自其他方面的评价。上述的四个方面之间的界限，其实也是比较模糊的。对物体的解释，实际上就是感知影像的被细化和表里化，被知觉的微小现象，就是在空间中的可能事件。空间中的人类活动，与建筑所在城市的方式方法密不可分。所以，断言某一个建筑是某一方面的案例，心情就会沉闷。就拿上述案例，仅看照片，或许给予连续性的共同印象。果真如此，它就是所谓的同时代性。

最后想要说的是，培育建筑不仅需要建筑师，而且还需要业主、使用者的通力协作。图6.40和图6.41是哥本哈根郊区的路易斯安那美术馆。该美术馆在K·W·严森的关怀下，于1958年开馆营业。与此同时，委派建筑师J·鲍乌和W·沃拉特，分8期逐步完成改造设计。该美术馆面向海湾和湖泊，是坐落在林中的低层展览厅群。在那里可以一边欣赏现代美术作品，一边游玩。人们对该美术馆的评价很高，是世人爱慕的世界艺术圣地。人们对它的评价是，建筑与景观融为一体，收藏与展示策划为一体。也就是说，对建筑的评价，不是在竣工时完结，而是在使用过程中持续存在。

造园艺术是值得我们借鉴的方式。造园艺术没有被完成的状态。它的特点是，针对植物的生长和季节的变换以及庭院的使用，需要持续照料，是没有终点的进行时。建筑也一样，需要业主、使用者、建筑师的共同参与。只有这样，才能创造好的作品。因此，建筑师也应当具备"随时出诊的医生"素质和方式方法。

图6.39 雅克·赫尔佐格和皮埃尔·德梅隆：泰特现代艺术馆（伦敦，2000年）
摄影：日色真帆

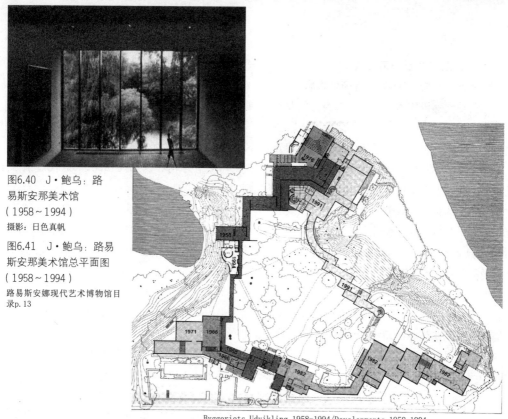

图6.40 J·鲍乌：路
易斯安那美术馆
（1958~1994）
摄影：日色真帆

图6.41 J·鲍乌：路易
斯安那美术馆总平面图
（1958~1994）
路易斯安娜现代艺术博物馆目
录p.13

Byggeriets Udvikling 1958-1994/Developments 1958-1994

6.2 近代建筑史：年表与学说

a. 20世纪建筑思想学说（世界）

（1）朱利安·哥迪（从19世纪后半叶至20世纪初）：**建筑的各个要素与理论**

此书是研究组成建筑物的各个要素与整体性。它由建筑物所规定的大纲的适合性以及对材料必然性的适合性等双重观点组成。……所谓构成，就是活用已知的要素。与建筑一样，构成也需要相应的材料。这些材料就是"建筑的诸要素"。……实际上没有比构成更有趣和魅力的词汇。这才是属于艺术家的真正领地，在原理上除了不可能的事情以外没有界限。所谓构成，……就是通过各部分的收集、融合、结合，使其成为一体。所以，……各个部分就是构成的要素。具体的说，墙体、窗户、空隙、屋顶等建筑要素，将构思变成建筑实体。同样的道理，构成也是通过房间、玄关、出入口、楼梯等确立。（摘自参考文献1）

（2）奥拓·瓦格纳（1895）：**现代建筑**

想要表现设计种类，要经常关注人的水平与垂直视角。

把每一个建筑作品归纳为一个综合性效果（建筑作品群、广场围墙等轮廓），加入日光和雨雪影响（对方位的思考）。

充分利用地形和周围风景。

不管是室外还是室内，都要采取原有的眺望和通畅、正视、新颖的方法。

在街区道路规划中，经常关注突出物的阻挡问题。

要正确把握视线的落点，设定好位置。

不管是室外还是室内，要正确设置和表示轴线的弯折。

要充分关注主要街区道路（树木并列的大道）的终点节点。

建筑物和纪念物的大小和意义，要结合城市、广场、街区道路形态一并考虑。

作品应当具备简捷、明快、容易理解的性格。

所有作品都应当充分满足目的。

所有建筑物都要使用简单、方便。

室内尺寸、陈列、色彩、音响、可视性，要

充分考虑采光效果。（摘自参考文献2）

（3）阿道夫·卢斯（1908）：**装饰与罪恶**

因为存在时代落伍群体，民族与人类文化发展才停滞不前。还有装饰本身并不是由于犯罪人群的存在才产生，是因为装饰有损于国民经济的健康发展和阻碍文化发展才犯罪。……（中间省略）……装饰已经不能与我们的文化有机结合，不能表现我们的文化。今天的装饰与我们没有关系，与人类完全不存在联系。与世界秩序也没有任何关系。而且装饰本身不具备继续发展的能力。例如：试问奥托·艾克曼的装饰如今如何？凡·德·威尔德的装饰又如何？过去，艺术家们总是精神焕发，走在人类的前面并引导他们。而近代装饰家们又是如何呢？他们是时代的落伍者，是病患。他们所建造的东西，还没有到三年，就陷入自己否定自己的命运。（摘自参考文献3）

（4）瓦尔特·格罗皮乌斯（1914）：**包豪斯宣言**

包豪斯的目标是，把雕刻、绘画、工艺、手工等所有艺术创作活动统一起来，面向新的建筑艺术，作为不能分离的构成要素再统一。……包豪斯把所有层次的建筑师、画家、雕刻家，根据其能力培育成有能力的工匠或者具备独立创作能力的艺术家。把全部建筑作品……懂得从全体精神中形成统一，从而创造进步中的作家们的劳动合作体。（摘自参考文献4）

（5）勒·柯布西耶（1924）：**走向新建筑**

飞机

"飞机是精选的产物"

"飞机教训从问题的提出至问题的实现，采取一贯的理论"

"没有提出房子的问题"

"当今的建筑世界已经不能满足我们的需求"

"尽管住居有各种标准"

"机械具有自身的经济因素，这就是被选择的原因"

"房子是提供居住的机械"（摘自参考文献5）

（6）密斯·凡·德·罗（1923）：**制作纲领**

我们拒绝一切美学思辨，拒绝一切教义，拒绝一切形式主义。

建筑是以空间形式表达时代意志，具有新鲜、有活力、容易改变的性质。

它表现当今的形式，不表现昨日，也不表现明日。

我们的工作就是把握问题实质，采取现代手段，去创造形式。（摘自参考文献4）

（7）勒·柯布西耶（1926）：**近代建筑5个原则**

从建筑现场的实际经验，得出以下理论。理论要求简单、公式化。美的幻想或者流行不是问题，从住宅到大官邸、会所，创造新建筑的建筑现象才是问题。

①架空层……，②屋顶花园……，③自由平面……，④长条窗……，⑤自由的正立面……（说明略）。

结构考察：建筑结构把建筑的诸要素合为一个目的并准确地结合在一起，进而产生与要素创造相关的工作和技术性意图。通过大量生产，这些要素变成准确、完整、完美。……于是建筑师成了装载木箱子的工匠。这种能力通过建筑规划决定建筑。建筑师的时代来临了。（摘自参考文献4）

（8）CIAM（1935）：**拉·塞拉宣言**

以勒·柯布西耶为首，共有24人联名签署。

建筑与舆论

重要的是，建筑师具有推动舆论的能力，可以让公众理解新建筑技术方法。符合形态的学术性教育，不会引起普通人对建筑的兴趣，对住居中的真实问题，在多数场合连议论都较困难。

对普通大众，没有给予足够认识，处在居住人连对居住的希望不能确切表达的状态。总之，对建筑师来说，住居是他们发泄热情的第一对象之外的东西，处在长期被忽视的状态。

在小学初步传授一系列真理，可以为家庭奠定教育基础。通过教育，会出现希望解决长期被忽视的住宅问题的新一代，他们将成为未来建筑师的顾客。（摘自参考文献6）

（9）弗兰克·劳埃德·赖特（1931）：**建筑中的机械使用方法**

家是提供居住的机械，但是必须记住：建筑是家的概念结束以后才开始。从基本感觉上讲，所有生命都是机械性东西，但是机械本身没有生命。在生命的问题上，机械只是单一的机械。从普通向特殊发展固然不错，但是不应该利用机械使生活合理化。为什么不是从生命的角度对待机械呢？家庭器具、武器、自动泥人，这一切都是装置。歌曲、作品、建筑物，这些会使人类身心焕发。生命是演奏人类辉煌的凯歌，我们从缝隙中看到它的永垂。

想象力把艺术当作内在经验问题对待。因此，现代社会必须把神圣的个性从小到大不断扩展。我在此断言：越是未曾有过的，它越是个性的。

建筑可以表现人类的生命，而机械却不能。所有器具也都是前所未有的尝试。器具的作用仅仅是对生命的单一贡献。（摘自参考文献7）

（10）汉斯·夏隆（1952）：**有机建筑**

要把家当作一个"有机的现象"来发展，要从"发挥性能的实用形式"培育家。也就是把家当作"人类的皮肤"，从而当作器官（风琴）。我想多数人不曾这样思考过。……采用轻型结构和弹性柔软建筑材料等新技术推进事业，或许已经不会强行要求建造矩形的、立体的家。把家当作"居住器官"来建造，理应允许所有形式并予以具体实现。

这就是结构逐渐从几何学性转向有机性的标志。……（摘自参考文献5）

（11）路易·康（1960）：**次序的存在**

设计是依据次序的造型，

形态来自建设系统，

成长就是建设，

创造力存在于次序当中，

场所、方法、时间、金钱是设计手段，

空间是意志存在的反映：

观众席鸦雀无声，只有斯特拉迪瓦里小提琴演奏曲在回响，或者静悄悄的集会场只有巴赫和巴尔托克的演奏曲在回响。

空间的实质就是把选择的存在转化为富有活力的精神和意志：

设计忠实于意志，

如同马身上画斑纹也不会变成斑马。

驿站成为驿舍之前，应当先成为道路，

来往的次序要求有道路，

那就是光辉轨道汇集的地方。

（摘自参考文献8）

（12）阿道夫·贝内（1923）：**现代目的建筑**

功能主义者总想设法适应尽量被特殊化的目的，而合理主义者则设法适应最普通的场合。功能主义者要求对特殊场合的绝对适应即要求唯一形态，而合理主义者则要求对一般性需求选择最适合的方法即要求一般性适应。功能主义者仅仅要求单一的功能性适应和相互关系、非主观形态否定、拟态等，而合理主义者则主张自己的意志、知觉、最适合、形态。（摘自参考文献9）

（13）C·埃里克森（1965）：**模型**

"模型"概念，来自表象学手法与高水平功能分析相结合的一种试验。"模型"可以定义为：在若干行动的"倾向"（趋势）或者"力量"状态下，可以共存不"冲突"的物理性物体（也叫作部件）在空间中的典型排列。为了找出人类活动中存在的问题，有必要引入"趋势"、"冲突"的概念。所谓"趋势"是指，当事者之外出现的满足需求的行动，这里所说的"需求"按照马利诺夫斯基观点，可以理解为：在人类组织或文化背景以及两者在自然环境中的相互关系中，集团或组织为了继续生存所需要的、条件充分的系统。"力量"与"趋势"类似，具体有：有时起反作用的非人类力量如风、雨等自然力量；张拉和压缩的结构力量；需求与供给等经济力量如各种集团持有的趋势对经济系统的影响力等。"冲突"是"力量"或者"趋势"显示明显对立时才出现。发现并解决"冲突"是模型概念的中心议题。不过，有时采取其他表现方法更佳。没有"冲突"的场合，采取"规则化"（标准化）的方法比模型更适用。"脉络"是使"趋势"发展为"冲突"所需的必要环境，部件是在脉络或者模型中，冠以名称的组成要素。（摘自参考文献10）

（14）雷姆·库哈斯（1992）：**不稳定总体**

我在考察纽约时，……整体上与以前的建筑有所变化，我主要对以下4个方面颇感兴趣。……第一个方面的变化是，……超过一定的规模……核心筒与周边的距离，中心到表面的距离会超过有意识的可能性范围。因此，建筑物应该暴露内部发生的事情。……永远违背人文科学的期待。第二个变化是，……高大建筑物的各组成要素之间，相互结合或者产生有意识的关系未免过于困难。……第三个变化是，依赖技术的问题，……对我来说，很难把电梯当作传统建筑的思考方法。……大型建筑物已经没有意义上的组成要素之间的联系，只是利用电梯把要素连接起来而已。……这4个方面的变化，导致城市完全一边倒的变了模样。（摘自参考文献11）

（15）雷姆·库哈斯（1999）：**采访**

（关于作家根据事实和运用修辞技巧得出结论与未必能够一般化的方法论的关系问题）我对"知识"很关心，同时也非常怀疑。就是在它的支撑下，朝着新的场所走到今天。但是或许怠慢了对历练中发现并提高最终共有的价值问题。我在知识、革新方面，对集团的决断持非常怀疑的态度。……罗兰·巴尔特也表示有同感。……他在通过想象力采取有魅力的方法解释事实方面颇有影响力。他的似乎日本式的"不重要的东西什么都不是"的教诲，把罗兰·巴尔特的所作所为……当作非常重要的存在。……我们与其他人的不同点，在于把规划当中发现的问题理所当然的线性连接。……（摘自参考文献12）

b. 20世纪建筑思想学说（日本）

（1）乔莎亚·肯德鲁（1878）：**建筑是什么**

诸位学子，我们在履行建筑师职责，需要学习的东西还很多。……诸位对有关建筑物……必须学习和掌握科学研究法则和成果，……不过要谨记，建筑师素养的培育既是科学的教育同时还是艺术教育。……伟大的建筑著作家与顶尖建筑师没有什么区别，在纯粹艺术排列中，建筑仅次于音乐排在第二位。绘画和雕刻原本也属于纯粹艺术，一般认为它在初期阶段是意念和装饰的一部分，之后在建筑中蓬荜生辉。……正因为如此，……从事国家级建筑工程的建筑师，至少要懂得装饰性雕刻和绘画的选择、排布以及设计原则。……我想再一次告诫大家，不要过分参照在贵国建造的欧洲风格建筑物。要记住这些不过是在异国他乡建造的住居而已。……当然，日本的建筑一定会发生变化。……你们国家的健康发展寄托在各位所在城市的永久性和美丽上，不断地修炼和不懈的努力才是落在诸位肩上的责任。（摘自参考文献13）

（2）西山夘三（1953）：**有关住宅规划的民族**

传统与国民问题（新建筑1953.11）

如果说"依据功能进行建筑"是功能主义，……功能主义是自古以来所有建筑必须依据的、没有异议的原则。……把"功能"作为探索现代的手段，在宣传用词上加大力度的功能主义，……这种历史性"功能主义"的终结，与科学的发展和为国民奉献的建筑规划的我们，没有任何关系。（摘自参考文献14）

（3）丹下健三（1955）：**现代日本如何理解近代建筑（新建筑1955.01）**

功能性的东西是好的，这种朴素且蛊惑性言辞罪不可赦。它把许多志向软弱的建筑师骗进了技术至上的狭长轨道，……很容易使他们放弃回归到充满希望的建筑的欲望。……即便如此，作为生活空间的建筑空间不能不美丽，不能否定建筑空间通过美丽向人传达功能。从这个意义上，可以认为"美丽"蕴含着功能。（摘自参考文献15）

（4）吉武泰水（1964）：**平面规划理论**

我们一直把平面当作完美表达建筑的空间关系和向人传达的最佳词汇来认识、使用和培育。从开始建筑设计之前到完成以后的整个阶段，始终把平面当作容易看懂空间构成的筹码，广泛被人们喜爱，甚至当作意味深长的用词。平面中同时标注生活空间（空白部分）和结构体（黑色部分）。可以说，有了结构体才存在生活空间，我们把两者的不可分割统一体称作建筑。……

实际上，建筑的主要空间组合以及相互连接的主要动线组合，都是从模型开始。站在建筑主要使用者的立场，选择解决方法就是平面规划的重要过程。应当不要忘记，历史上首次主张设计中功能优先的奥拓·瓦格纳其实也是强调平面规划意义的最初的建筑师之一。（摘自文献16）

（5）铃木成文（1934）：**建筑规划研究（学位论文）**

建筑是容纳人类生活的构筑物。所以，存在需要满足人类生活的功能和可施工、可耐受的构筑物所需功能。在学术领域，把前者纳入规划系列，把后者纳入结构系列。

规划系列的学问还可以进一步划分为两个部分。其中室内环境工程学侧重人类生活的生理性方面，而建造规划学则侧重社会性方面。……建筑规划学所对应的问题是，解决人类生活对建筑的社会性要求以及与建筑空间的关系。因此，建筑规划学所要处理的范畴是，使用者、使用方式、平面形式、布置形式、设施规模等范围内容。在这些范围中，人类是主导主体。所以，明确使用者类别和使用要求是首先要解决的问题。……只有把握要求的内在矛盾（要求之间的矛盾）和外在矛盾（要求与建筑之间的矛盾），才能创造满足今后发展的新的建筑空间。新的建筑空间通过与落后的生活方式相适应，使生活体迈向更高的台阶。……（摘自参考文献 17）

（6）矶崎新（1970）：**论方法**

20 世纪 20 年代，不愧是近代建筑的辉煌时期，尽管现在处在逐渐被解体的状况当中。……近代建筑继承未来派和达达主义，在建筑领域形成了构成派、宿命论、折中主义等很多思想和流派。……近代建筑基于钢铁、混凝土、功能，依据各自的理论而形成，而如今已经变成混合体系或者只能看作马赛克类型的不连续共存体系。试图把不稳定因素相互结合成为可能，并不符合对象的内在逻辑。有必要对各自发展而来的视觉语言进行组合。……于是（方法）产生了空间内的混合体系，只要是满足对象，继续发展好了。一味地追求个人的痕迹，未必是好方法。方法应该是经常可以选择的，理应当作无名操作系列。（摘自参考文献 18）

（7）原广司（1967）：**建筑中什么是可行的**

"什么是建筑"，这个问题如同"什么是人类"一样，是一个没有答案的命题，不能把它作为行动目标。如果我们要提问人类的问题，那么应该改问为"人能做什么"。对建筑也一样，应当改问为"建筑能做什么"。……在"什么是建筑"提问的背后，预示着真实建筑或者建筑观念的存在，浮出想把握建筑的期待。这就是建筑的本质。……捕捉这种活动性本质，要依据辩证法的基本性质，肯定时间和存在的价值，采取有效唯一的价值判断形式，找回人类的尊严。我们必须了解微分学世界的生活。此时需要注意的是，不是把所有的价值置于变化的事情上，而是把价值置于使变化或者迫使朝某一个方向变化的事情上。（摘自参考文献 19）

（8）槇文彦（1987）：**设计·程序模型**

设计在多数场合，都是依照"分析-综合-评价"的过程进行。……在设计主体上采取什么样的主题作为设计前提与……如何统合围绕前提所产生的各种因素成为问题要点。可以发现，这些问题要点与建筑设计有着不可思议的暧昧关系，同时它也是我们这些设计师最想编写故事的地方。……

模型Ⅰ：Issue-oriented model（说明略，重视文化性模型）

模型Ⅱ：Solution- oriented model（说明略，综合适应条件的模型）

模型Ⅲ：Search- oriented model（说明略，重视发现新规的模型）……

这三个模型具有自己的合理性。……对模型Ⅰ，主体的强烈意志保持对客体的诠释、选择和变容的较强指示力。……另外，对相信客体优先于主体的情形，模型Ⅱ是最容易获得包容的模型。……另外一种模型Ⅲ，它不包容主体与客体二元论，不断谋求主体与客体的相对化。也可以说是一种合理的方法。（摘自参考文献 20）

（9）安藤忠雄（1999）：**话说建筑**

"对我来说，建筑就是扬弃相反的概念，在其微妙的狭缝中成立的东西，是在内与外、东方与西方、局部与整体、过去与现在、艺术与现实、过去与未来、抽象与具象、单纯与复杂等如同两级般的东西中，嵌入自我表现意志的一种表现升华。怀着自我意志，去发现"建筑的方式方法"，就是我的建筑行为。

自下定决心"战斗"的那一刻起，针对建筑与风土，或者恕我换言为理念与现实的缝隙，这个普遍性与固有性相互纠结的问题，对我来说，就是最为关键的建筑命题。"

现代主义在否定过去的样式建筑的过程中，形态连同其丰富的精华都被排除。早在 20 世纪 60 年代，萌生了利用风土和地域性打开现代主义瓶颈的想法。或许受到伯纳德·鲁道夫斯基的重新评价穴居的《没有建筑师的建筑》等思潮的影响。不过虽然认为与风土相结合的漂亮建筑可以在现代主义遗产上面立足，在具体做法上只是采用单一的表面形态来阐明地域主义而已。

我认为，一个建筑必须包含地理性文脉和文

化性文脉、各种历史写照、精神风土等广义要素，要包含个性体验、无意间对一草一木的印象或者记忆等细小要素，还要包含扎根在风土、文化生活中的人用五官感知的东西。这就是建筑的责任。

不是只继承"形状"，而是要继承深埋在其中看不见的"精神"，为建筑找回地域、个性的固有性和具体性。

20世纪80年代，我与肯尼思·弗兰姆普顿相遇。他通过对1976年的住吉之长条屋和1981年的小筱私宅的观察，使用"临界地方主义"的概念来评价我设计的建筑。（摘自参考文献21）

（10）伊东丰雄（2000）：**城市透明森林境界思想交换**

"虽然遵循框框，还是觉得有意识的偏离网格布置柱子更有魅力。这不仅仅是简单模仿自然森林，而是通过柱列的随意性，来增加空间的流动性。事实证明：自然界中，生命体的形态与运动的关系，是通过对称与不对称的相互作用而生存。不规则性和不稳定性会不断诱发运动。

把流动性引入建筑，是在停滞沉闷的空间吹入新鲜空气的作业。它也会产生内与外之间的连续性。我认为，内与外的连续性是当今建筑最大的课题。因为当今的建筑课题恰好与我们的身体所面对的课题相并行"……（中间略）……（以上，城市中透明的森林）

"日本的公共设施，忠实的接受近代规划理论，并付诸实施。从结果上看，例如新干线系统，某种意义上具备优秀的性能，但是与地域无关，缺乏个性，只是把设施向各个地方延伸而已。总之，它是以完整性极为强大的封闭系统来建造。

以前偶尔也参与大堂设计。如今我国的地方自治体规划的大堂、剧场设计，只要求坐席数、回音时间、隔音性能、设备运转率等数据。换句话说，大堂、剧场的评价标准被数值化。该数据如同体检中的人体各个脏器的活动数据。组合这些数据虽可以作为评价健康程度的依据，但判断一个人活生生的魅力却完全是另一回事。大堂、剧场能否具备活生生的魅力，仅依靠检测回音时间、隔音性能是不可以的。这些都是老早以前的常识，可真实参与到公共设施设计，却深深感到突破数值化的束缚是何等的艰难。试图设计一个比较自由、宽松的空间来欣赏音乐、歌剧、舞蹈，却因突破了数值而遭到否决的情形比比皆是。这不仅仅是大堂、剧场的问题，图书馆、博物馆、美术馆等文化设施，学校、医院、老年人公寓，以及护理中心、社区中心、集合式住宅等所有公共设施共有的问题。

所谓共性的问题，在于把使用者在各种设施中的多重能动性替换为某种量化功能，导致了单纯的图面化。使得原本可以自由行动的人，在办理规则化的规划手续过程中，不知不觉被明确的空间图面所控制。

规划过程中，在进行单纯的量化功能抽象时，似乎存在让人觉得它是唯一正确的巧妙计策。功能性空间＝具有普遍性的空间＝人们必须遵从的绝对空间＝需要管理的空间，这个转换非常巧妙的成立。自治体规模越大，其管理系统越完备，在设计上越是可以砌筑厚厚的功能墙体。这种被厚厚的墙体所包围的建筑，被认为是适合成熟社会的安全建筑。

"给予市民开放的建筑"，这是有关政府行政人员的口头禅，但并不把"市民"看作是人类生活主体，只要公共设施的建设一直依赖功能，被厚厚的墙体所包围的建筑不会被开放。"……（中间略）……（以上，呼吁对境界思想的交换）（摘自参考文献22）

（11）山本理显（1985）：**空间排列理论**

……什么是公共的，什么又是私密的呢？回答什么是私密性和社区交流，的确是困难的问题。……或许过于单纯是不能回答的理由。因为这个问题与理念有很深的关系，而且这个理念与空间或者建筑也有密切的联系。……"什么是公共的和什么是私密的"的问题与"什么是公共空间和什么是私密空间"的问题之间，或许没有什么区别界限。……简单地讲，公共与私密或者社区交流与私密性的概念，是一个空间性概念。也就是可以用敞开或者关闭的空间关系来阐述。……"阈"的词义，……简单讲就是"两个不同功能的空间之间存在界限，是将两个空间相互隔离或者连续的空间性装置"。……如果利用"阈"可以建造封闭的空间，那么该封闭的空间对外部就是私密性很高的空间。……（摘自参考文献23）

（12）小岛一浩（1998）：**活力与空间**

当人开始行为和移动时，会受到其他人或其他人群的影响。或者在某一个空间寻找栖息场所时，比起平面和剖面更会选择家具、角落作为摸索对象。相比之下，在建筑空间中，容许人行为和活动的程度非常有限。如果有100人在建筑空间活动，则空间就会变得拥挤不堪。以这种场所理应如此的朴素形象为依据，处理行为与空间的适应性的设计，如果不是强制性的，否则就是很无聊的空间组成。这是很危险的观点。我们一边不思考不同层次和等级，一边制定许多空间手法，总觉得依托每一个个体的总体活力并不能想象整体活力。在场所的尽头（容易发生不同层次和等级）、要求阻止声音的干涉（需要距离或墙体等境界）等空间，其用途和人的活动很明确。但空间设计往往回避这种情况，似乎是在办理手续。（摘自参考文献24）

（13）内藤广（2000）：**走向建筑原型**

拘泥于时间，建筑形态逐渐向原型收敛。……当以时间为中心思考，空间的各种问题都可以明了。……例如，一时存在的空间的最佳答案与欲千年存在的空间的最佳解答，理应完全不同。……把规划的建筑存在时间向后延长，如果不改变原定条件，可选择的解答余地就会狭窄。我想把狭窄的选择余地中，最后剩下的答案称为"原型"。（摘自参考文献25）

■**参考文献**
作者把各位建筑师的言语做了一些缩减，用"中间略"来表示。

1）雷纳·班纳姆. 第一次机械时代理论与设计[M]. 石原达二等译. 鹿岛出版社，1977.

2）奥拓·瓦格纳. 近代建筑[M]. 樋口清等译. 中央公论美术出版，1985.

3）阿道夫·卢斯. 装饰与罪恶[M]. 伊藤哲夫等译. 中央公论美术出版，1987.

4）Ulrich conrads. 包豪斯宣言[M]. 他世界建筑宣言文集[M]. 阿部公正译. 彰国社，1970.

5）勒·柯布西耶. 走向建筑[M]. 吉阪隆正译. 鹿岛出版社，1967.

6）勒·柯布西耶. 雅典宣言[M]. 吉阪隆正译. 鹿岛出版社，1976.

7）弗兰克·劳埃德·赖特. 赖特建筑理论[M]. 谷川正己等译. 彰国社，1970.

8）工藤国雄. 路易·康理论[M]. 彰国社，1980.

9）阿道夫·贝内. 现代目的建筑[M]. 川北练七郎译. 建筑新潮社，1928.

10）C·埃里克森. 模型，新建筑与城市，环境设计方法[M]. 鹿岛出版社，1969.

11）雷姆·库哈斯. 不稳定整体[J]. 竹本宪昭译. 空间评论临时增刊号 Anyone，1992.

12）雷姆·库哈斯. 采访[M]. 上原雄史译. SD1999.02，1999.

13）乔莎亚·肯德鲁. 什么是建筑，日本近代思想大纲"城市建筑"[M]. 藤森照信审阅. 岩波书店，1878.

14）西山夘三. 有关住宅规划的民族传统与国民问题[J]. 新建筑1953.11，1953.

15）丹下健三. 现代日本如何理解近代建筑[J]. 新建筑1955.01，1955.

16）吉武泰水. 平面规划理论，建筑学大纲"建筑规划与设计"，彰国社，1964.

17）铃木成文. 建筑规划研究（学位论文）[D]. 东京大学，1934.

18）矶崎新. 论方法、再论方法[M]. 美术出版社，1970.

19）原广司. 建筑中什么是可行的[M]. 学艺术林，1967.

20）槙文彦. 设计·程序模型，记忆中的形象[M]. 筑摩书房，1987.

21）安藤忠雄. 话说建筑[M]. 东京大学出版会，1999.

22）伊东丰雄. 透彻建筑[M]. 彰国社，1999.

23）山本理显. 空间排列理论[J]. 建筑文化，1985.

24）小岛一浩. 活力与空间[M]. SD1998.07，1998.

25）内藤广. 面向建筑之初. 王国社，1999.

社会动态	发生年代	思想、事件	国外建筑	日本建筑
59 达尔文《生命起源》 68 明治维新 61 南北战争 63 奴隶解放宣言 94 甲午战争	1800～1899	51 伦敦世博会 82 文艺复兴运动 84 巴黎世博会 97 分离派形成 98 "未来田园城市" E·霍华德	51 水晶宫，约瑟夫·帕克斯顿（英国） 59 红屋，菲利普·韦伯＋威廉·莫里斯（英国） 87 劳乌住宅（英国） 89 埃菲尔铁塔，G·埃菲尔（法国） 99 卡森－皮里－斯科特百货店，路易斯·沙利文（美国）	68 筑地酒馆，清水喜助 76 开智学校，立石清重 78 银座砖瓦街，T. J. 奥特卢斯 96 日本银行总店，辰野金吾
03 莱特兄弟人类第一次飞行 04 日俄战争 05 爱因斯坦《相对论》	1900	04 工业城市夏涅 07 德国工作联盟成立 08《装饰与罪恶》A. 卢斯	00 巴黎地铁出入口，E. 基马尔（法国） 02 莱奇沃斯田园城市，埃比尼泽·霍华德＋贝利·帕克＋雷蒙德·安文（英国） 03 富兰克林大街公寓，奥古斯特·佩雷（法国） 06 维也纳邮政储蓄银行奥托·瓦格纳（奥地利） 09 罗比私宅，弗兰克·劳埃德·赖特（美国）	02 三井银行总店，横河民辅 05 日本劝业银行总店，妻木赖黄 09 两国技馆，辰野葛西事务所 09 赤坂离宫，片山东熊
12 坦坦尼克号沉没 14 第一次世界大战 17 俄国革命 19 甘地的反英运动 19 巴黎和谈	1910	11 堪培拉城市规划 14 多米诺系统勒柯布西耶 16 规划方法（美国） 17 成立德·stale 19 成立包豪斯	10 AEG 的透平机制造工厂，彼得·贝伦斯（德国） 14 古埃尔公园，高迪（西班牙） 14 德国制造联盟展玻璃展馆，布鲁诺·陶特（德国） 14 赫尔辛基中央车站，E·沙里宁（芬兰） 19 菲力特里大街办公大楼，密斯·凡·德·罗（德国）	14 东京火车站，辰野金吾 15 三越总店，横河民辅
20 无线电广播 20 成立国际联盟 23 关东大地震 29 世界流感恐慌	1920	20《新精神》创刊 22 300 万现代城市规划 23《走向建筑》，勒柯布西耶 28 CIMA 的成立 28 近邻居住区理论，C·A·比利	22 辛德勒私宅，R·辛德勒（美国） 24 施罗德住宅，格里特·里特维尔德（荷兰） 26 圣家堂，高迪（西班牙） 26 包豪斯学校，W·格罗皮乌斯（德国） 29 巴塞罗那世博会德国馆，密斯（西班牙）	23 帝国酒店，F·L·赖特 24 雷蒙德私宅，A·雷蒙德 27 同润会青山公寓 27 听竹居，藤井厚二
31 满洲事件 32 5·15 事件 33 纳粹掌权 36 2·26 事件 39 第二次世界大战	1930	33 关闭包豪斯 33 雅典宪章，CIMA 35《光辉城市》，勒柯布西耶	31 萨伏伊别墅，勒柯布西耶（法国） 33 帕伊米奥疗养院，阿尔瓦·阿尔托（芬兰） 36 法西斯宫，特拉尼（意大利） 36 流水别墅，弗兰克·劳埃德·赖特（美国） 39 强生制蜡公司总部大楼，弗兰克·劳埃德·赖特（美国）	34 筑地本愿寺，伊东忠太 35 疏钢百货，村野藤吾 36 国会议事堂 37 巴黎世博会会馆，坂仓准三 37 东京国立博物馆，渡边仁
41 太平洋战争 45 长崎、广岛原子弹爆炸 45 联合国成立 47 实行日本国宪法 49 北大西洋公约组织	1940	41《空间、时间、建筑》，希格弗莱德·吉迪恩 45《面向有机建筑》，B. 谢维	40 森林公墓，埃里克·贡纳尔·阿斯普隆德（瑞典） 47 巴拉干私宅，路易斯·巴拉干（墨西哥） 47 布劳耶私宅，布劳耶（美国） 49 玻璃屋，F·强生（美国） 49 伊姆兹私宅，C·伊姆兹（美国）	41 岸纪念体育会馆，前川国男 45 原子弹纪念塔，简·勒泽尔 47 纪伊国屋书店，前川国男 47 藤村纪念堂，谷口吉郎
50 朝鲜战争 51 日美安全保障条约 55 迪斯尼乐园 59 安保斗争 59 古巴建立卡斯特罗政权	1950	57 悉尼歌剧院设计竞赛	50 范斯沃斯私宅，密斯（美国） 51 昌迪加尔规划，勒·柯布西耶（印度） 52 马赛公寓，勒·柯布西耶（法国） 55 朗香教堂，勒·柯布西耶（法国） 58 美国西格拉姆大厦，密斯＋F·强生（美国）	50 最小限度立体住居，迟边阳 52 斋藤教授之家，清家清 52 广岛和平会馆，丹下健三 58 晴海高层公寓，前川国男 59 国立西洋美术馆，勒·柯布西耶
61 人造卫星发射成功 64 东京奥林匹克 65 越南战争 68 布拉格之春运动 69 阿波罗11号登月	1960	60《城市形象》，凯文林奇 64《没有建筑师的建筑》展，MOMA	61 宾夕法尼亚大学理查德医学研究所，路易斯·康（美国） 62 纽约肯尼迪航站楼，埃罗·沙里宁（美国） 63 柏林爱乐音乐厅，汉斯·夏隆 65 海滨牧场公寓，C. 穆阿（美国） 68 国立美术馆，密斯（德国）	60 东京规划 1960，丹下健三 62 轻井泽山庄，吉村顺三 64 国立室内综合竞技场，丹下健三 66 尖塔之家，东孝光 69 代官山日光台，槇文彦

社会动态	发生年代	思想、事件	国外建筑	日本建筑
70 日航客机劫持事件 70 大阪世博会 71 冲绳返还协定签署 73 石油危机 76 陆基特事件	1970	71 蓬皮杜中心设计竞赛 78《抽象城市》，高林劳乌 78《癫疯纽约》，雷姆·库哈斯	72 金贝尔美术馆，路易斯·康（美国） 72 布里昂家族墓园，卡洛·斯卡帕（意大利） 73 悉尼歌剧院，约恩·乌松等（澳洲） 77 蓬皮杜中心，伦佐·皮亚诺＋理查德·罗杰斯（法国） 79 巴黎 gulanbulaojie（建筑物名称，法国）	71 蓝色盒子住居，宫协檀 74 群马县立近代博物馆，矶崎新 74 最高法院，冈田新一 76 住吉之长条屋，安藤忠雄 77 国立民族学博物馆，黑川纪章
80 两伊战争 80 莫斯科奥林匹克 87 俄罗斯改革 89 柏林墙倒塌 89 天安门事件	1980	82 拉维列特公园国际设计竞赛 87 柏林国际建筑展（IBA） 89 东京国际广场设计竞赛	86 香港汇丰银行，诺曼·福斯特（中国香港） 87 阿拉伯世界研究所，让·努维尔（法国） 87 巴塞罗那大桥，圣地亚哥·卡拉特拉瓦（西班牙） 89 卢浮宫玻璃塔，贝律铭（法国） 89 拉维莱特公园，B·屈米（法国） 89 艺术公园，E.buliunie（荷兰）	81 名护市政厅，象设计集团 83 筑波中心大厦，矶崎新 85 世田谷美术馆，内井昭藏 87 东京工业大学百年纪念馆，篠原一男 89 膜展览会，槙文彦 89 阳光教堂，安藤忠雄
90 东西德国统一 91 苏联解体 91 海湾战争 92 洛杉矶暴乱 95 阪神淡路大地震 98 长野冬奥会	1990	90 熊本艺术城邦 94《S，M，L，XL》雷姆·库哈斯 95 仙台音乐台设计竞赛 95 法国新国立图书馆设计竞赛 97 MOMA 改扩建设计竞赛	92 艺术大厅，雷姆·库哈斯（荷兰） 95 法国新国立图书馆，多明尼克佩罗（法国） 96 热浴，P·贞德（瑞士） 97 老年人公寓，mvrdv（荷兰） 98 毕尔巴鄂·古根海姆美术馆，法兰克·盖瑞（西班牙） 98 盖蒂中心，理查德·迈耶（美国） 98 犹太人博物馆，D·李勃斯金（德国）	91 东京都新政府大楼，丹下健三 92 大海博物馆，内藤广 94 关西国际机场，伦佐皮亚诺 95 丰田市美术馆，谷口吉生 98 京都车站，原广司 98 岐阜县公营住宅，妹岛和世、高桥晶子等
	2000 ～		00 泰特现代美术馆，H·缪龙（英国）	01 仙台音乐台，伊东丰雄

●建筑物、并行街区的保护与再生设计

在日本，通常过分改造和更新建筑。不过，理应挖掘既有建筑物和并行街区的价值，采取各种方法进行保护、改造和再生。它作为建筑潮流之一，符合现代要求，成功的案例也很多。通过建筑物、并行街区的保护与再生，可以继承街区文脉、传统建造方法、工匠的技艺。保持街区固有特征对街区建设有很大影响。

建筑的保护与再生概念的存在，欧洲早于日本。欧洲很早以前就开始建筑的保护与再生工作，实施的案例也很多。最近的例子，位于伦敦的泰特现代美术馆就是由大型火电厂改造而成的现代艺术殿堂。高大的烟囱成为标志物。在巴黎的巴士底地区，把称作老高架的古老土木建筑物改造成艺术工作室和店铺。法国奥赛美术馆也是改造火车站而得到的。改造过程中，保留大空间原样，只进行装修改造，用作艺术展览空间。近年来，在日本，建筑物的改造案例呈增多趋势。千叶市美术馆，采取用新建建筑物构架包住原银行建筑的方法，实现老建筑的保护与再生。在洲本市立图书馆的建设中，作为历史性建筑物，保留明治42年建成的老旧纺织工厂的砖混外墙体和防火墙。该图书馆的改造特征就是，使保留下来的砖混外墙体和防火墙尽可能满足图书馆平面规划的基本模数。

在日本，率先发起并行街区保护运动的是妻笼地区（长野县）。在该地区，以保护为先，积极贯彻"不损坏、不出售、不出租"的三原则。如今，把散落在各处的文化遗产串起来形成并保护完整并行街区的运动随处可见。还有，在仓敷不仅保护位于仓敷中心的常春藤广场－明治时期的纺织工厂文化遗产，还把它改造成旅馆、艺术驿站，作为文化设施区域使用。在小布施町改造中采取的方法与之不同，他们是以继承地域传统和文脉为目标，采取成片统一的设计手法，试图呈现并行街区景观。

在现代，随着街区的变容，城市也在丧失其历史渊源，文化性地域也在流失和解体。建筑物的保护与再生设计，可以使城市保持其个性，是较好的解决问题的方法。

案例一：泰特现代美术馆

外景照片

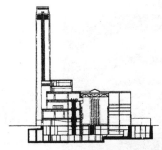

剖面图

内景照片（地下一层）

内景照片（三层）

所　在　地：英国伦敦
设　　　　计：赫尔佐格和德梅隆
竣 工 时 间：2000年

泰特现代美术馆

改造前的发电厂由吉鲁·斯科特设计，改造后在保持工业建筑标志性的基础上，添加新的要素（玻璃），形成新的地标。全方位开放内外空间，使之从不便接近场所转变成市民容易接近的场所。

案例二：巴黎巴士底地区高架铁路改造

外景照片1

外景照片2

所　在　地：法国巴黎
设　　　　计：帕特里克·贝鲁杰
竣 工 时 间：1995年

巴士底高架铁路改造

于1895年建造的高架铁路被改造为行人的绿茵漫步道。高架长1.4km，高10m，把60个连续桥洞改造成店铺。为了保持原有的开放空间格局，桥洞部分采用木质门窗和轻便玻璃要素。店铺以经营该地区传统艺术品和绘画为主。

●建筑物、并行街区的保护与再生设计

案例三：巴黎奥赛美术馆

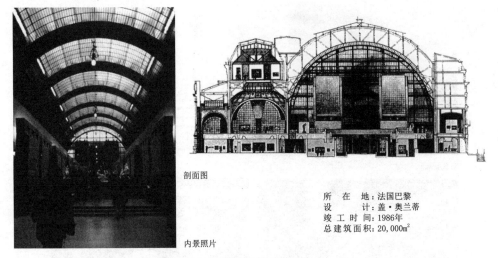

剖面图

内景照片

所　在　地：法国巴黎
设　　　计：盖·奥兰蒂
竣 工 时 间：1986年
总建筑面积：20,000m²

巴黎奥赛美术馆

尊重维克托尔拉鲁设计的1900年的创造风格，大量采用自然光，几乎察觉不到人工照明的增量。内部设计基本保持原有格局风格，沿着空间的长轴方向，两侧设计为石材平台。

案例四：千叶市美术馆

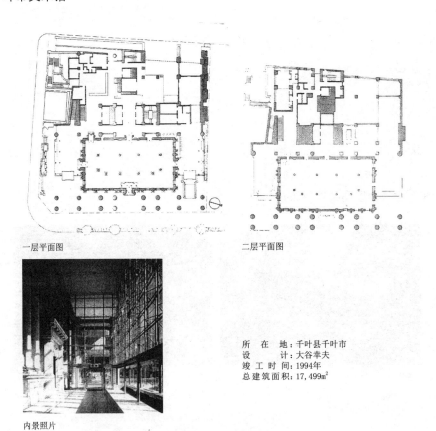

一层平面图

二层平面图

内景照片

所　在　地：千叶县千叶市
设　　　计：大谷幸夫
竣 工 时 间：1994年
总建筑面积：17,499m²

千叶市美术馆

把1926年建造的原有建筑物，采用新建建筑物结构包起来（罩住形式），以求达到保护和再生目的。

案例五：洲本市立图书馆

外景照片1　　　　　　　　　　　外景照片2

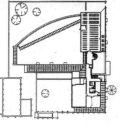

一层平面图　　　　　二层平面图

所　在　地：兵库县洲本市
设　　　计：鬼头梓、佐田祐一
竣 工 时 间：1998年
总建筑面积：3191m²

洲本市立图书馆

保护利用砖混墙体的同时，采取防结构墙体倒塌措施，同时尽量自然采光控制照明，节约能源。

案例六：妻笼住宿一条街保护

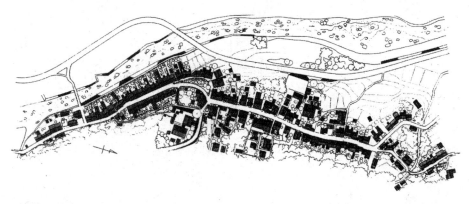

保护地域总平面图

所在地：长野县南木曾町

并行街区照片

妻笼住宿一条街保护

该地区是日本并行街区保护运动的先驱。地域全体居民都积极投入保护运动。

案例七：小布施町街区景观改造规划

并行街区照片1

并行街区照片2

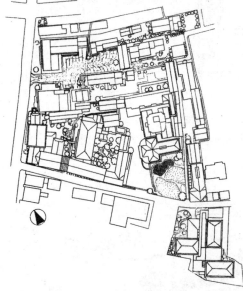

所 在 地：长野县小布施町
设　　　计：宫本忠长建筑设计事务所
竣 工 时 间：1987～1992年

地域规划布置图

小布施町街区景观改造规划

该规划没有采纳再开发依据总平面的设计步骤，采取每个部分最适合的解决方案，经过长达15年的不断努力，整个地区完美统一。

●图书馆

1950 年开始实施的图书馆法对图书馆的定义是："收集、整理、保存图书、记载以及其他必要的资料，为普通公众服务。为教育、调查研究、创造提供资料。"图书馆原本就是提供资料的地方。不过，大部分使用者都是学生，逐渐转变成"学生学习的空间"。

进入 20 世纪 70 年代以后，强调以出借为主的中小型图书馆全方位服务的重要性，开始普及开架式图书阅览方式，图书馆逐渐变成主妇和孩子们很容易利用的"出借型图书馆"。现在图书馆常用的布局是：成人书架和儿童书架连续布置在最容易利用的位置，儿童书架靠近出入口，很少设置坐席。参考图书和乡土资料等查询功能布置在空间里侧安静的位置，总服务台设置在靠近出入口处。没有设置学生自习室。

到了 20 世纪 80 年代，采用网络把高功能化的大型图书馆和一般中小型图书馆连接在一起，开始了合作运营的模式。

进入 20 世纪 90 年代以来，针对利用业余时间、老年人的自我充电等社会生活观的变化，图书馆的运营模式也在发生变化。图书馆的服务功能向生活体验、获取高端信息转变。每到周末，使用者驱车前往大型图书馆成为常态，电脑的普及使得只需少量工作人员从事专业事务。媒体的多样化，使得开架规模越来越大型化。这样的大背景要求图书馆更加安全、便捷，要求出入方便、使用方便、迅速处理各种变化，要求具备无障碍功能。

不过，随着信息的电子化，可以利用网络进行图书馆藏书检索，以文字为载体的图书的地位在下降，特意访问图书馆的意义逐渐淡化。因此，图书馆作为公共设施，不仅仅充当单一的图书服务角色，还要为地域社区交流活动做贡献。

案例一：宫城县图书馆

外景照片

内景照片

所　在　地：宫城县仙台市
设　　　　计：原广司+绘画·fiy建筑研究所
竣　工　时　间：1998年
总建筑面积：18227m²

宫城县图书馆

该图书馆的规划构思为横跨山谷的桥梁。预示这里是"位于自然的图书馆"、"作为公园的图书馆"、"作为街道延长的图书馆"。在规划时，经过反复研讨，最大限度地保留地形原貌和原有树林。

案例二：杉并区立中央图书馆

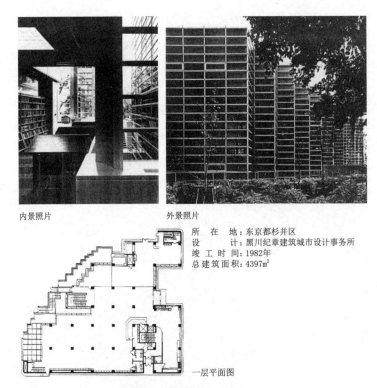

内景照片　　　　　　外景照片

所　在　地：东京都杉并区
设　　　　计：黑川纪章建筑城市设计事务所
竣　工　时　间：1982年
总建筑面积：4397m²

一层平面图

杉并区立中央图书馆

该图书馆作为区中心图书馆，与区内其他4个图书馆形成网络，是多功能、多目的图书馆。考虑周边环境，压低地上体积，积极引入绿化要素。利用率高的空间，以开放的形式布置在一层，利用正面的主楼梯，形成简捷、明快的动线。

案例三：富国信息图书馆

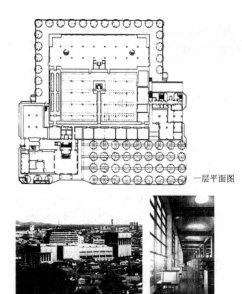

一层平面图

二层平面图

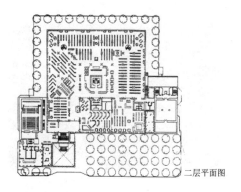

所 在 地：大分县大分市
设 　　 计：矶崎新工作室
竣 工 时 间：1995年
总建筑面积：23002m²

外景照片 　　　 内景照片

富国信息图书馆

开架阅览室是图书馆的主要空间，位于柱距7.5m，9×9柱列，总计100根柱子组成的、没有结构墙体的4500m²空间中。完全可以适应公共图书馆经常遇到的书籍扩容和收藏形式的变化，适应IT要求。

案例四：筑波大学中央图书馆

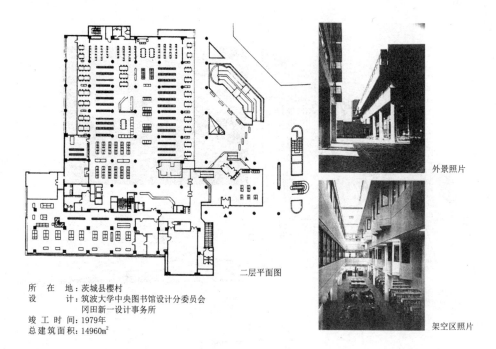

二层平面图

外景照片

架空区照片

所 在 地：茨城县樱村
设 　　 计：筑波大学中央图书馆设计分委员会
　　　　　 冈田新一设计事务所
竣 工 时 间：1979年
总建筑面积：14960m²

筑波大学中央图书馆

与美国等大学图书馆相比，以往日本的大学图书馆，其设计水平存在相当大的差距。本设计努力突破这个差距，使之成为真正的大学图书馆建筑。

案例五：法国国立图书馆

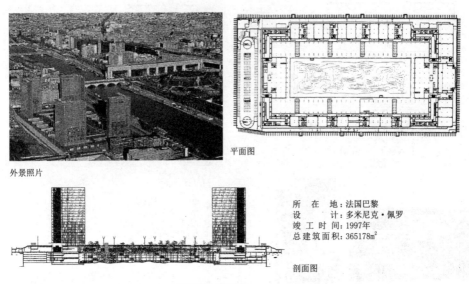

外景照片

平面图

所　在　地：法国巴黎
设　　　计：多米尼克·佩罗
竣 工 时 间：1997年
总建筑面积：365178㎡

剖面图

法国国立图书馆

规划构思出自"巴黎广场"、"国家图书馆"的意念。为了协调统一巨型建筑物，在内侧布置大型开放领域。在领地四个角落，矗立着翻开书般的"塔"，极具场所的象征性。

案例六：代尔夫特工业大学图书馆

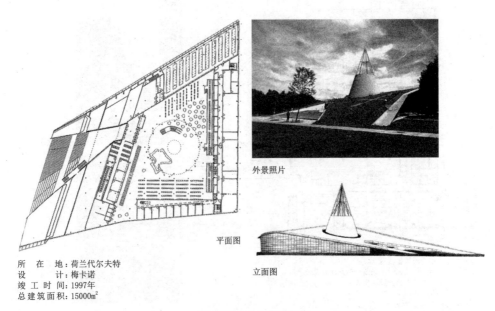

外景照片

平面图

所　在　地：荷兰代尔夫特
设　　　计：梅卡诺
竣 工 时 间：1997年
总建筑面积：15000㎡

立面图

代尔夫特工业大学图书馆

锲形状坡形屋顶全部实施绿化。屋顶绿化不仅可以使屋顶隔热和隔音，还可以作为学生聚集的公共广场。与以往图书馆的安静空间组织形式不同，以充满活力的空间新概念，设计成景观建筑。

案例七：鹿特丹图书馆

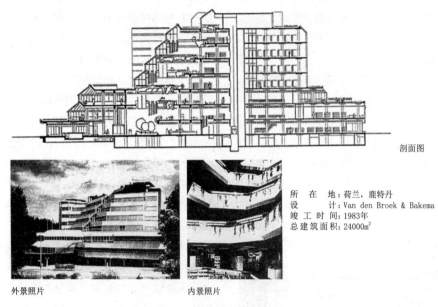

剖面图

所　在　地：荷兰，鹿特丹
设　　　计：Van den Broek & Bakema
竣 工 时 间：1983年
总 建 筑 面 积：24000m²

外景照片　　　　　　内景照片

鹿特丹图书馆

在鹿特丹属于大型图书馆。针对"谁都方便进出的开放空间和有魅力建筑物"的设计要求，正立面采取流水型斜面玻璃。

案例八：约翰·肯尼迪纪念图书馆

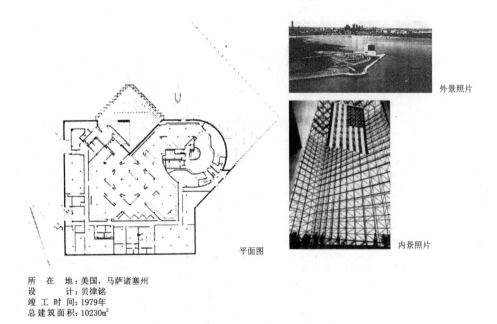

外景照片

平面图　　　　　　内景照片

所　在　地：美国，马萨诸塞州
设　　　计：贝律铭
竣 工 时 间：1979年
总 建 筑 面 积：10230m²

约翰·肯尼迪纪念图书馆

建筑物分呈三角形平面的9层图书馆部分和能容纳260人的两个圆形两块，两组块之间形成展示空间，整个空间被高达110英尺的空间桁架所包围。

●博物馆、美术馆

在欧美，早在很久以前博物馆和美术馆就被市民所喜爱和珍惜，在每个城市都有很多收藏作品的设施。这些设施规划，在运营、使用方法、建筑方式等方面，都显示充足的设计底蕴。另外，在日本，博物馆、美术馆等设施尚没有在我们的生活中扎根。在此类建筑领域，需要思考的问题还很多，也缺乏完整的解决方案。尽管通过各种尝试，采用表现博物馆、美术馆建筑的设计方法，设计出不少优秀的作品。

建筑物的规划要点是以动线规划、内外空间表现、采光和照明规划、材料选择为主。赖特设计的古根海姆美术馆（美国，1959）是 20 世纪美术馆

古根海姆美术馆

原型。赖特具体实现了勒柯布西耶提出的蜗牛式美术馆构思，给予人们崭新的建筑体验。利用电梯首次把参观动线引到最上层，在螺旋状展示空间的引导下，很自然的从顶层迂回到一层。这是对美术馆动线相互交叉的一种解答。

博物馆和美术馆最能反映当地的文化、历史以及风土，对当地人来说是表现自我的象征，对来访者来说是难以忘怀的场所。博物馆和美术馆具有"艺术鉴赏"氛围和行为的非日常性，因此多选择公园、绿地一角等休闲场地，通常与景观一并规划。也有为了继承城市脉络，在城市街区规划的情况。像巴黎的奥赛美术馆和伦敦的泰特现代美术馆，也有保护并再利用文化性重要建筑物的情况。

博物馆和美术馆的作用是收集、保护、展示珍贵文化遗产和为调查研究提供活动场所。空间大体上分为开放部分和非公开部分。开放部分尽量采取向外部开放的姿态，考虑到展示物的保护问题，多为封闭状态。非公开部分中的调查、研究活动空间应该也是开放性空间。近年来，博物馆和美术馆不仅限于物品的保护和展示，利用高端技术，进行某种主题展示，进行互动和体验。根据需求，空间的变化一直在持续。

案例一：古根海姆美术馆

外景照片

内景照片

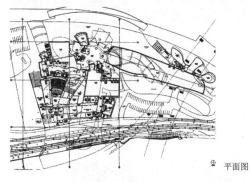

平面图

所　在　地：西班牙毕尔巴鄂
设　　　计：弗兰克·盖里
竣　工　时　间：1997年
总建筑面积：24290m²

古根海姆美术馆

建造在造船和钢铁工业发达的城市河边。它的蜿蜒、雕刻型表现主义形态，成为城市新地标。针对制造飞机般的设计精度要求，在施工过程中，采用电脑CATIA程序，进行复杂曲面的分析和制作。

案例二：美术大厅

外景照片

内景照片

剖面图

所　在　地：荷兰鹿特丹
设　　　计：雷姆·库哈斯
竣　工　时　间：1992年

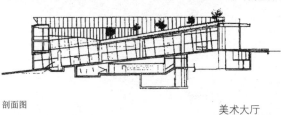

美术大厅

美术大厅分3层，由四组不同需求空间组成，采取四个斜面交叉形成回路，圆满的解决了动线问题。以往的楼层平台都是采用楼梯和电梯解决建筑内垂直移动，本设计没有楼梯和电梯，建筑内垂直移动成为可能。

案例三：格蒂中心

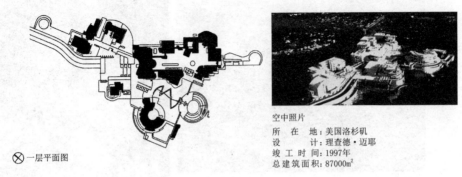

⊗ 一层平面图

空中照片
所　在　地：美国洛杉矶
设　　　计：理查德·迈耶
竣 工 时 间：1997年
总建筑面积：87000m²

格蒂中心

如同建造在丘陵上的山上城市。建筑群依据呈22.5°夹角的轴线排列，充分反映自然地形。

案例四：宇都宫美术馆

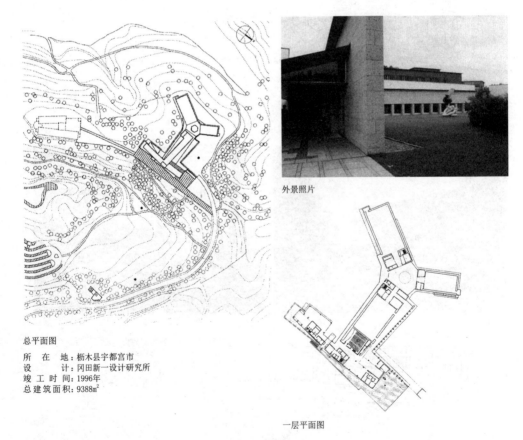

外景照片

总平面图
所　在　地：栃木县宇都宫市
设　　　计：冈田新一设计研究所
竣 工 时 间：1996年
总建筑面积：9388m²

一层平面图

宇都宫美术馆

建造在巨大的森林中，与自然完美结合。外装采用当地材料大谷石材，表现独特的地标景观。

案例五：丰田市美术馆

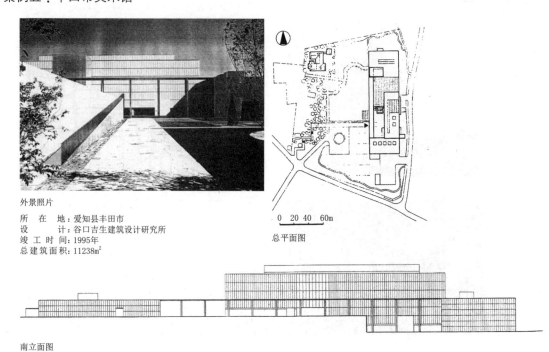

外景照片

所　在　地：爱知县丰田市
设　　　计：谷口吉生建筑设计研究所
竣 工 时 间：1995年
总建筑面积：11238m²

总平面图

南立面图

丰田市美术馆

利用地形高差，使建筑内部呈立体性功能布局。从视觉上，集展示、建筑、外部景观为一体。

案例六：世田谷美术馆

内景照片　　　　　　　　　　　外景照片

所　在　地：东京都世田谷区
设　　　计：内井昭藏建筑设计事务所
竣 工 时 间：1985年
总建筑面积：8223m²

总平面图

世田谷美术馆

设计的三个思路是：公园美术馆、空间的日常化、空间的开放化。取消美术馆框架，使全体美术馆空间变成展示空间，还可以作为演出空间。

案例七：潟博物馆

外景照片

内景照片

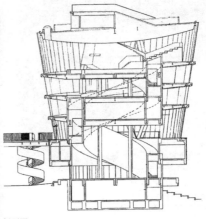

剖面图

所　在　地：新潟县丰荣市
设　　　计：青木淳建筑规划事务所
竣　工　时　间：1997年
总建筑面积：2608m²

潟博物馆

规划为"动线体"，表现立体的人的移动，巧妙布置外部景观欣赏方式。

案例八：直岛当代艺术博物馆

埋入地中的建筑物

看到大海的展示室

有楼梯的展示室

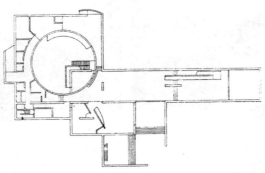

一层平面图

所　在　地：香川县直岛町
设　　　计：安藤忠雄建筑研究所
竣　工　时　间：1992年
总建筑面积：3643m²

由于在名胜地建设，建筑物体积规划充分考虑与周边环境的关系，重点放在诱导接近上。

直岛当代艺术博物馆

●医院、老年人设施

现在医院的特点是规模大、复杂。医院建筑在设计上强调高效率的医疗服务。但是，不能机械的追求功能而忘记最重要的人性化设计。医院是众多患者的生活场所，是治愈和缓解病痛的地方。如今，在医疗领域，高科技和自动化飞速发展。鉴于此，医院建筑设计要求具备高度专业化知识和丰富经验。医疗场所必须是高科技与人性化并存的空间。

病房规划具有悠久的历史。迄今为止，有很多种规划方案。医院设施的原型可追溯到大约3000年前的古罗马帝国的军用医院。从公元5世纪到13世纪期间，天主教会下的各大医院遍布城市和农村的各个角落。它就是现代医疗中心的鼻祖。经过文艺复兴时期，医院建筑也开始引入新古典主义形式。直到1850年爆发克里米亚战争，根据活跃在英国战地医院的弗罗伦斯·南丁格尔的理论，开始实施病房规划。从第二次世界大战结束至20世纪80年代，医学专业分类不断增多，要求更多的房间和装备更大的设备。因此，陆续建设被称作mega hospital的大型医院。现在的大医院规划通常都采取：在等待空间、大厅等处引入绿色和水空间；设置大型开口部、内庭院提高自然采光效果；更加开放；提高舒适度等方式和方法。在美国，在大型医疗设施中并列咖啡店、商店，形成类似商业街的空间。近年来，康复治疗、临终关怀等在欧美早就实行的医疗概念，被积极采纳到日本的医疗设施中，相应的有关设计规划也都在积极摸索当中。

迎接老年化社会，老年人设施需求也在不断增加。从前这些设施都被认为是废弃物，不太注重其形象。社会福利标准、通用设计等设施规划思想，在日本并没有形成共识。尤其是在对待残疾人的无障碍环境设计方面，也只是最近才引进欧美的思维模式和技术。有关老年人设施的研究也在进行，研究欧洲发达国家特别是北欧的设施规划与运营、社区交流之间的关系。开始把老年人设施当作养老送终的场所，规划也从设施转变为居住环境。根据不同需要，规划老年公寓、日间看护中心、日间看护型老年人专用住宅等各种形态的设施。

案例一：景优医院

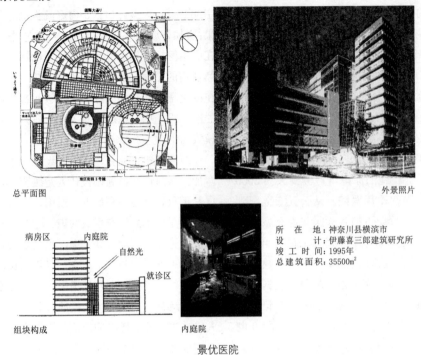

总平面图

外景照片

病房区　内庭院

自然光

就诊区

组块构成

内庭院

所　在　地：神奈川县横滨市
设　　　计：伊藤喜三郎建筑研究所
竣 工 时 间：1995年
总建筑面积：35500m²

景优医院

为实现21世纪综合医院，提出"舒适"、"热情"、"国际化"三个主题，以"医疗、疗养地"为设计概念，进行规划。

案例二：圣路加国际医院

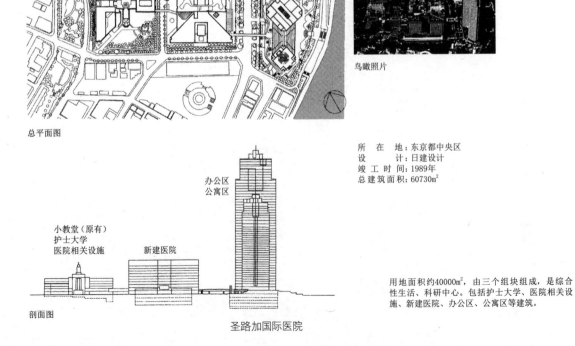

总平面图

鸟瞰照片

所　在　地：东京都中央区
设　　　计：日建设计
竣 工 时 间：1989年
总建筑面积：60730m²

办公区
公寓区

小教堂（原有）
护士大学
医院相关设施　新建医院

剖面图

圣路加国际医院

用地面积约40000m²，由三个组块组成，是综合性生活、科研中心。包括护士大学、医院相关设施、新建医院、办公区、公寓区等建筑。

案例三：厄勒布鲁地区中心医院

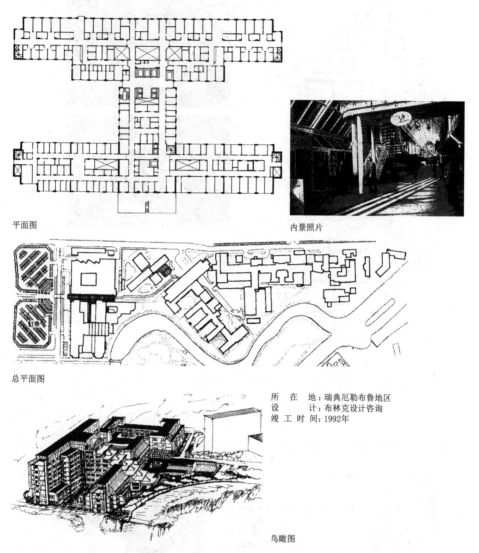

平面图

内景照片

总平面图

所　在　地：瑞典厄勒布鲁地区
设　　　计：布林克设计咨询
竣 工 时 间：1992年

鸟瞰图

厄勒布鲁地区中心医院

玻璃屋顶大厅从正门玄关笔直延伸，并排设茶室、小卖店、花屋、理发店、美容院等，如同热闹的商业街空间。病房全部是单人间和双人间，设有厕所、淋浴。该规划追求患者和员工的舒适度。

案例四：弗朗西斯科临终关怀医院

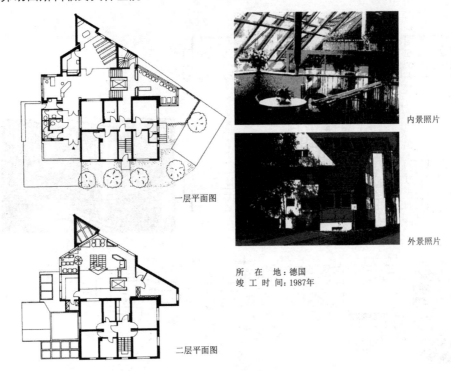

一层平面图

内景照片

外景照片

所 在 地：德国
竣 工 时 间：1987年

二层平面图

弗朗西斯科临终关怀医院

德国在发达国家中最早进行临终医疗尝试。该临终关怀医院来自捐赠房屋的增层改造。

案例五：世田谷区立老年人中心：新树苑

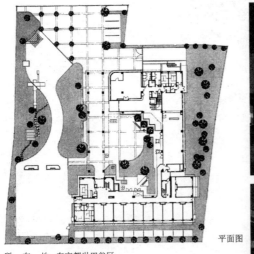

平面图

内景照片

外景照片

所 在 地：东京都世田谷区
设 计：石本建筑事务所
竣 工 时 间：1987年
总建筑面积：2879m²

世田谷区立老年人中心：新树苑

在社会福祉理念下，作为生活自立救助设施，规划成融入地域的"城市型老年人设施"。中庭两侧分别为居住区和福祉区，在内部公共空间规划上，既明确区分居住者和使用者，又有意识地相互联系，还考虑相邻公园之间的联系。

● 集合式住宅

最近，在集合式住宅规划中，有 2 个动向引起关注。其一是利用模型划分人的生活形态，提出个性化规划方案，其二是对集合式住宅提出新的公共空间方案，重视景观设计。

第二次世界大战后的日本住宅设计，是以美国为榜样，发展现代生活方式。但是，开始重新审视被定型化的规划和人们的生活多样性，出现了居住者的设计参与和可灵活分割空间的需求。高级公寓住宅最先实施由入住者决定并推进设计，而且不断设立入住者同盟。从骨架与表皮的关系上看，如果把骨架当作社会资本也就是固定资产，则表皮就是居住者可改变部分。于适应多样性，采取利用家具分割等居住者可以简单改变的方法。

在规划中，力求解决诸如起居室不好用作家族团聚场所、单间对孩子的自立没有作用等现代生活方式不符合实际生活的部分，提出适合日本居住文化的规划方案。

还有，从高速发展期间产生的住宅的高层化和规模化中进行反省，一度普及了低层集合式住宅（联排别墅）。之后超高层高密度住宅再次登场。在城市区域比较适宜的典型的中低层集合式住宅，多半采取量身定做的开发模式。期待街区型规划方式的进一步提高。

现在，大城市的中心区域尤其盛行超高层住宅等大型项目，把住宅和其他设施捆绑在一起。也有把生活救助服务、老年人服务与住宅供给组合在一起的规划。住宅设计要求同时满足个人和城市建设需要。

案例一：21世纪

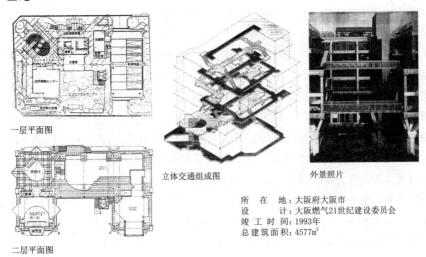

一层平面图

二层平面图

立体交通组成图

外景照片

所　在　地：大阪府大阪市
设　　　　计：大阪燃气21世纪建设委员会
竣 工 时 间：1993年
总 建 筑 面 积：4577m²

21世纪

作为21世纪居住样板，环境、设备、结构、构造等众多技术人员参与规划。该规划的特点是，利用结构和住户分离方式实现了公共空间，提高了专用部分的自立性。与廊桥一并形成了口字形立体交通，从视觉上强调集合式居住的形象。

案例二：东云规划

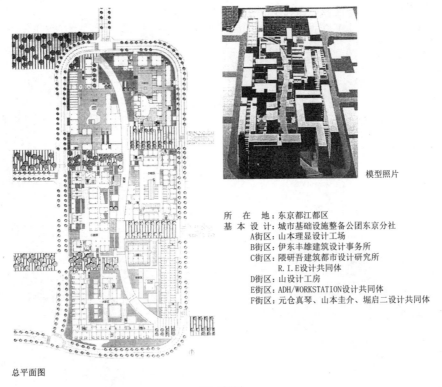

模型照片

总平面图

所　在　地：东京都江都区
基 本 设 计：城市基础设施整备公团东京分社
　　A街区：山本理显设计工场
　　B街区：伊东丰雄建筑设计事务所
　　C街区：隈研吾建筑都市设计研究所
　　　　　　R. I. E设计共同体
　　D街区：山设计工房
　　E街区：ADH/WORKSTATION设计共同体
　　F街区：元仓真琴、山本圭介、堀启二设计共同体

东云规划

规划分A～F等6个街区，分别由不同的建筑师和设计共同体负责规划。属于填方区工业用地的再开发，采取集合式住宅中合并设置商业、救助等设施的规划方案。在规划中，突出了如何适应家族、生活方式的多样化问题。

案例三：长町住宅

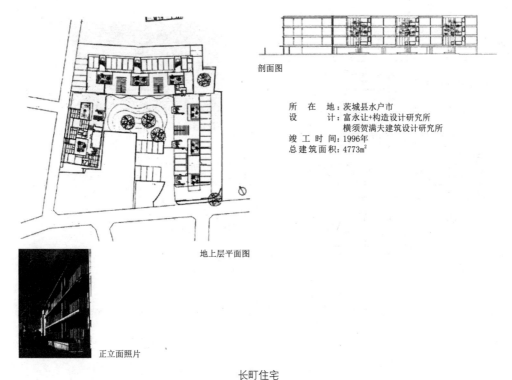

剖面图

所　在　地：茨城县水户市
设　　　计：富永让+构造设计研究所
　　　　　　横须贺满夫建筑设计研究所
竣 工 时 间：1996年
总 建 筑 面 积：4773m²

地上层平面图

正立面照片

长町住宅

越简单就越灵活，可以长期保持丰富的生活。该规划的设计主题是：如何构筑居住地面。

案例四：笠间住宅

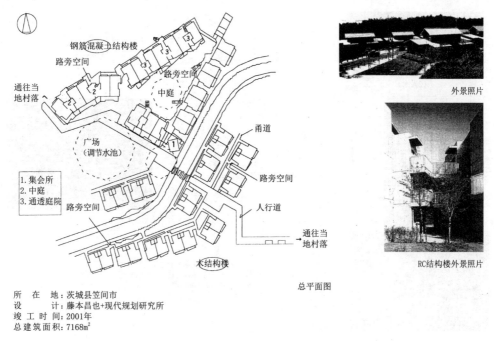

钢筋混凝土结构楼
路旁空间
路旁空间
中庭
通往当
地村落
甬道
广场
（调节水池）
路旁空间
人行道
1.集会所
2.中庭
3.通透庭院
路旁空间
通往当
地村落
木结构楼

外景照片

RC结构楼外景照片

总平面图

所　在　地：茨城县笠间市
设　　　计：藤本昌也+现代规划研究所
竣 工 时 间：2001年
总 建 筑 面 积：7168m²

笠间住宅

留下自然，连接地域环境，连接地域"农业"是该集合式住宅规划概念。

案例五：中岛花园

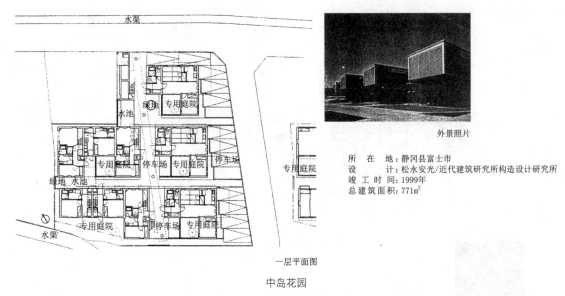

外景照片

一层平面图

中岛花园

所 在 地：静冈县富士市
设　　　计：松永安光/近代建筑研究所构造设计研究所
竣 工 时 间：1999年
总建筑面积：771m²

按照从前的村落尺度感，重新展现低层高密度住宅。2层楼座之间，利用起居室和板墙交错布置内庭院，南侧布置2m宽甬道。所有住户均拥有庭院。

案例六：熊本县立农业大学学生宿舍

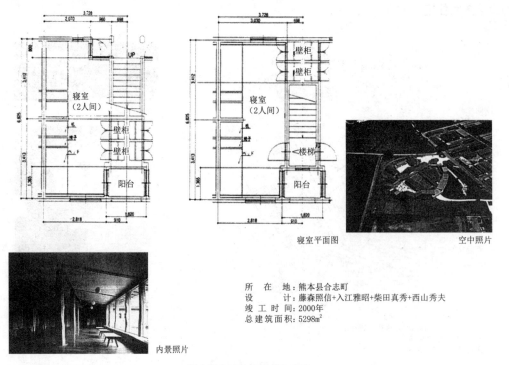

寝室平面图

空中照片

内景照片

所 在 地：熊本县合志町
设　　　计：藤森照信+入江雅昭+柴田真秀+西山秀夫
竣 工 时 间：2000年
总建筑面积：5298m²

熊本县立农业大学学生宿舍

从学生宿舍性质出发，重点放在创造"共同性"上，采取中庭+回廊的规划布置。

案例七：FH·HOYA-Ⅱ

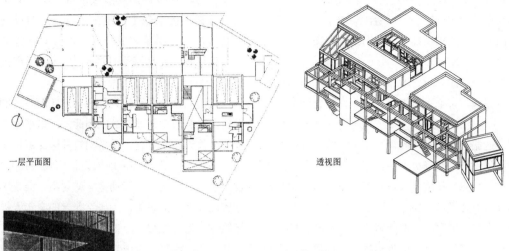

一层平面图   透视图

屋顶花园照片

所　在　地：东京都保谷町
设　　　计：建筑规划工作室
竣 工 时 间：1996年
总建筑面积：1273m²

FH·HOYA-Ⅱ

尝试采用工业化制作方法进行新型集合式住宅的规划设计。采用简单的系统分解集合式住宅中的复杂构成。各个系统独自具有生活方式，要求适应可变性（灵活性）。在规划中，反复研讨，寻找更加自立的系统。

●复合设施

近年来，复合建筑规划发展迅速，在各个城市都能看到。不仅如此，今后复合设施面临的问题是，数量和规模达到一定水平以后，朝着个性化质量水平方向发展，要求明确各主题的组合并在项目实施过程中予以实现。

站前的重新开发、城市建设规划等，都选择大型复合设施。京都火车站（1997）在扩建原有车站的基础上，加入酒店、百货、公共通道、广场等设施，强烈表达旅游城市之门的含义。东京歌剧城（1997）在"剧场城市"明确概念下，规划整个街区。品川国际城（1998）从城市建设角度出发，自品川车站到超高层办公塔楼，整体展现城市架构。横滨皇后广场（1997）采取特大型规划，将三个街区网络化，进行全方位调整，使其成为横滨港地标风景。沿着大海到陆地的上升天际线，布置各个楼栋，整体展现滨海城市名副其实的城市景观。

在大城市的低洼地区和地方城市，为了实施城市街区的再生和提高城市品位，通常也建设复合设施。龟户太阳街实施了被称作街坊型商业设施的新概念规划，赋予一定期限的设施使用权是该规划特点。在金泽，盘活城市特点，在文化与创造复合据点的主题下，正在一点一点的推进建筑再利用规划。积累和成长过程本身就是金泽城市的文化工程，是体现个性的动力。（金泽市民艺术村，1996）

最近以来，常被认为社区交流逐渐丧失的居民设施，其利用率却非常高。因此，可以把不同使用者的公共设施复合化，重新构筑社区交流架构。横滨市下和泉地区中心：地域爱护广场（1997），设置图书角、游戏室、运动室、就餐室、会议室等地域居民社区交流设施，为居家养老的老年人提供关怀服务，为地域福祉、健康提供活动场所。它是名副其实的地域复合设施。

找出复合的优点是复合设施规划的关键点。把单一化、细分化的各个设施重新组合，会产生若干相互关联性。这种关联性成为连接各个设施的线索，成为复合设施施展魅力的场所。

案例一：京都火车站

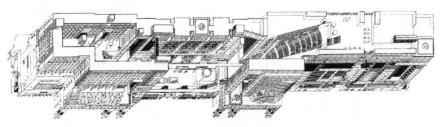

透视图

所　在　地：京都府京都市
设　　　计：原广司+绘画·fayi建筑研究所
竣 工 时 间：1997年
总建筑面积：237689m²

京都火车站

该规划集酒店、文化设施、商业设施、停车场、火车站为一体，体现了旅游城市京都大门的特点。

案例二：东京歌剧城

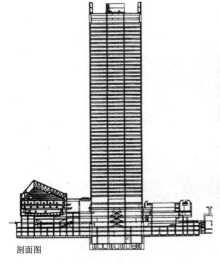

剖面图

玻璃拱廊内部照片

所　在　地：东京都新宿区
设　　　计：NTT智能管理
　　　　　　城市规划研究所
竣 工 时 间：1997年
总建筑面积：242015m²

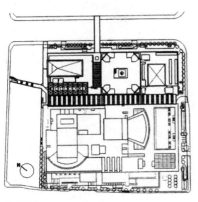

总平面图

该规划是集商务区、艺术文化区、便利商业区为一体的复合街区，把全部低层区域作为城市共性的开放空间，整个街区呈现"剧场城市"风格。

东京歌剧城

案例三：品川国际城

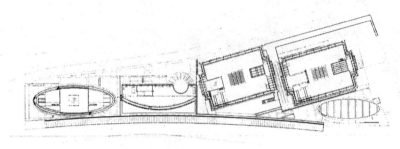

总平面图

所　在　地：东京都品川区
设　　　计：日本设计、大林组
竣 工 时 间：1998年
总建筑面积：337126m²

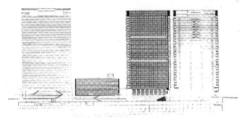

剖面图

品川国际城

该规划是以品川车站东出口前16hm²土地为开发龙头实施的"城市建设"。努力使建筑群为城市做贡献的同时，有意识地规划各建筑之间的空隙空间。

案例四：横滨皇后广场

车站一角

外景照片

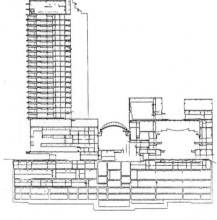

所　在　地：神奈川县横滨市
设　　　计：日本设计、三菱地所一级建筑士事务所
竣 工 时 间：1997年
总建筑面积：196386m²

规划特点是步行者的公共空间横跨三个街区，全部实现网络化和一体化。
在整个街区范围，利用天际线调节各建筑群体。

剖面图

横滨皇后广场

案例五：龟户太阳街

二层平面图

外景照片

一层平面图

所　在　地：东京都江东区
设　　　计：北山孝二郎
竣 工 时 间：1997年
总建筑面积：37855m²

该规划位于龟户车站南侧的工业遗址，使用年限为15年（有定期租借权）。没有采纳高层和高密度，二层接近临建设施的结构体，沿着S形道路和公共平台布置。享受平常的节日庆典为规划概念，建造店铺和设施。

龟户太阳街

案例六：金泽市民艺术村

外景照片

内景照片

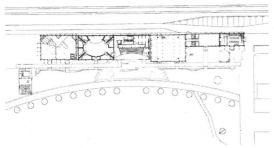

一层平面图

所　在　地：石川县金泽市
设　　　计：水野一郎+金泽规划研究所
竣 工 时 间：1996年
总建筑面积：4017m²

金泽市民艺术村

"金泽市民艺术村"是利用坐落在大型纺织工厂旧址角落的仓库群，进行的旧楼改造规划。设置排练场、训练场、艺术创作室、艺术工房等设施，为年轻人和业余爱好者提供艺术创作活动场所。后来，素有村落风味的民家"深山之家"入驻，创办"金泽工匠大学校"，进一步激活金泽地域特性，发展成为文化、创意复合据点。

案例七：横滨市下和泉地区中心：地域爱护广场

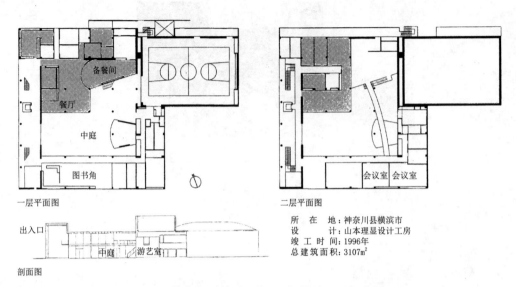

一层平面图

二层平面图

剖面图

所　在　地：神奈川县横滨市
设　　　计：山本理显设计工房
竣 工 时 间：1996年
总建筑面积：3107m²

横滨市下和泉地区中心：地域爱护广场

为居家养老的老年人提供膳食服务，是地域福祉、健康活动场所，是地域居民的社区交流复合设施。中庭作为不同设施的缓冲和交流场所，利用颜色区分不同的活动空间，从视觉上更容易分辨各设施的构成。

●办公设施

办公设施规划通常选择交通便利,周围有金融、商业等设施的位置。随着城市设施的日益完善,今后更加注重多功能高速通信网遍布的区域。随着以电脑为首的信息通信技术的发展,今后更多的办公地选择离住宅区较近的郊区。

办公空间考虑机构的一体性、移动的高效性、通融性,通常采取较大楼层面积、大进深、较高顶棚的整体性空间。特别是出租型大楼,有了整体连续性平面,可以进行整层出租或者分片出租。有效利用空间进行没有领地概念(开敞式办公环境)的工作,可以集中办公,便于进行团体作业,可以自由选择工作空间大小,这些都是对办公环境的要求,也有已经实施的案例。

办公家具也处在加大设计和咨询的投入力度中,力求适应办公和信息环境,提高办公效率。其出现了各种组合方式和使用方法。

结构方面,根据建筑基准法,除进行抗震设计以外,采取隔震、防振动等措施,提高舒适度。楼面荷载考虑文件书柜、办公设备、自由摆设等因素,把标准荷载从 300kg/m² 提高到 500kg/m²。地面架空高度考虑管线的增加和空调的出风口,要求 20cm 以上。

办公空间的开敞式,使电气设备的照明方式从均匀照明转变为更加细化的目标照明。考虑到电脑的普及和信息通信设备,电量的要求为 50VA/m²,亮度要求为 700lx 以上,对光线的质量也有要求。

对室内环境,要求更加细化的空调使用方案。窗户构造要求降低热负荷,隔热性好,能够抵御外部负荷的影响。

对维护保养,要求不影响各种承租人的工作,可以采取分设设备间、各层设备统一布置在共用间等措施。

为了促进雇用老年人、残疾人的事业,根据建筑硬件法设置轮椅使用电梯和轮椅使用厕所,而且在办公楼层也要考虑针对残疾人的厕所、屏风等。

案例一：梅田领带大厦

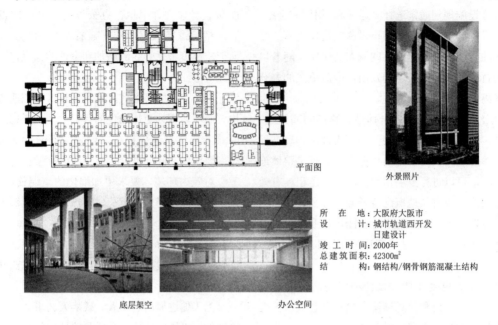

平面图

外景照片

底层架空

办公空间

所　　在　　地：大阪府大阪市
设　　　　　　计：城市轨道西开发
　　　　　　　　　日建设计
竣　工　时　间：2000年
总建筑面积：42300m²
结　　　　　　构：钢结构/钢骨钢筋混凝土结构

梅田领带大厦

规划理念是：在超高密度中，形成整个街区的高度舒适性。设置广场、架空层、行人空间、下沉式庭院等，呈现立体的、充满活力的城市环境和城市景观。

案例二：丸之内太平洋世纪宫

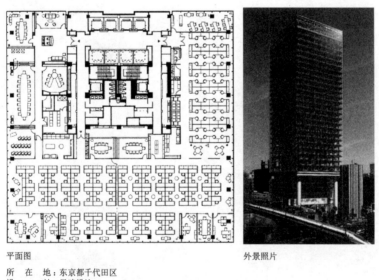

平面图

外景照片

所　　在　　地：东京都千代田区
设　　　　　　计：日建设计
竣　工　时　间：2002年
总建筑面积：81700m²
结　　　　　　构：钢结构/钢骨钢筋混凝土结构/钢筋混凝土结构

丸之内太平洋世纪宫

在规划中，力求国际水平，保证最大限度的灵活机动。是一座集办公出租、酒店、商业为一体的超高层复合建筑。

案例三：ENIX 总部大厦

外景照片

从室外看见室内共同协作的场景

```
所   在   地：东京都涉谷区
设        计：日建设计
竣  工  时  间：1996年
总 建 筑 面 积：5380m²
结        构：钢骨钢筋混凝土结构/钢结构
```

小型室内庭院

ENIX总部大厦

提出在办公空间中互相协作和支援的规划方案，每隔两层设置一处量身定做的室内庭院。

案例四：高知工科大学教育研究楼

外景照片

公共空间

教师研究室

剖面图

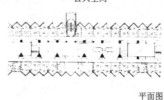

平面图

```
所   在   地：高知县土佐山田町
设        计：日建设计
竣  工  时  间：1997年
总 建 筑 面 积：31000m²
结        构：钢骨钢筋混凝土结构
```

高知工科大学教育研究楼

在规划中，保持一定程度的私密性，使使用者产生连带感。采取玻璃隔断的"个人空间"和开放性"公共空间"的组合平面。

●学校

采用北侧单面走廊，南侧地面设置开口部的大楼是之前的学校规划的主流形式。不过，开始重新审视学校的建造和使用方法，出现新的大楼类型，学校的规划方式也发生了变化。

学校是教育场所，为了适应各种学习方式和方法，设置开放空间和多功能空间的学校不断增多（例如：世田谷区立中町小学，玉川中学）。小学时常采取不坐在书桌上的学习方式和跨年级的学习方式。中学有时把教室当作经营总部、多媒体空间（例如：岩出山町立岩出山中学）。但是，仅仅出于儿童、学徒的自发性学习目的，将空间做大的规划，会造成学校方使用上的不便以及由于墙体减少，热效率降低，空调的功能下降等问题。可以利用设置空隙或者家具来激发孩子们的能动力。在动线规划上，要求方便学生室内外的学习。

学校兼有地域设施的作用。有的学校规划，可以使附近居民穿行，使校园与公园一体化，把校内的体育馆和游泳池向外界开放（如：千叶市立打濑小学校）。向外界开放学校，固然存在一些管理方面的问题，但是，可以使父母随时看到孩子接受教育的情景，提供地域居民与孩子们交流的机会。在没有授课的时段，可以使地域居民使用学校设施，提高学校空间的使用效率。由于中小学都是按区域设立，对地域居民来说，不会觉得学校有多远。如果能够把它当作终身学习设施，它将成为最贴近的设施。

有的规划把学校当作最公众的场所。御杖小学校的规划，没有当作"小学"，而是当作"必要的公共设施"。在用地建设广场，广场兼做小学。这样做的好处是，地域居民需要的空间中，有一部分用作小学教育，对农村非常适合。学校没有采取大楼类型，而是根据地形和地域居民的需要而建。对人口稀疏和孩子数量不多的地域，在小学建设中强调地域设施的规划，无疑使学校成为更加向地域开放的设施。

案例一：世田谷区立中町小学 / 玉川中学

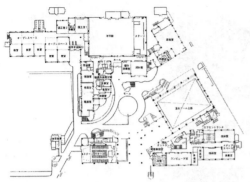

一层平面图　　　　　　　　　　　　　　　　　　二层平面图

外景照片

多功能空间

世田谷区立中町小学

所 在 地：东京都世田谷区
设　　　计：世田谷区建设部营缮第2科
　　　　　　内井昭藏建筑设计事务所

这是小学和中学一体化的规划，设置兼做市民穿行的共有空间。小学设置开放空间，以适应各种学习方式。中学设置多功能空间以利于教室系统的多种用途的转换。在中心，设置多媒体空间。

案例二：岩出山町立岩出山町中学

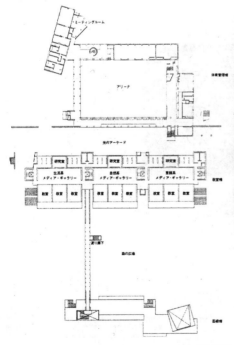

一层平面图

岩出山町立岩出山町中学

通过学徒广
场向下观看

所 在 地：宫城县岩出山町
设　　　计：山本理显设计工房
竣 工 时 间：1996年
总建筑面积：10879m²

这是系列教育与注重环境自主性完美结合的规划。建筑物分艺术区、教室区、体育管理区等三部分，周围环境规划如同公园。整体上看，楼层关系相互交错地带状排列在一起。

案例三：千叶市立打濑小学校

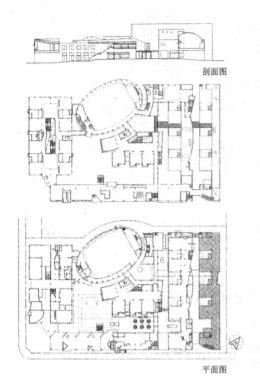

剖面图

中庭里的授课情形

所 在 地：千叶县千叶市
设　　　计：空棘鱼工作室
竣 工 时 间：1995年
总建筑面积：7584m²

平面图

千叶市立打濑小学校

这是与千叶市共同提出的新学校建筑规划方案。与周边环境的处理方法是，利用运动场与公园连接成一体，方便市民穿行，提高周边居民的便利性。在空间组成上，提出开放学校模型，取消墙体，提高动线的自由度，激发儿童的能动力。

案例四：御杖小学校

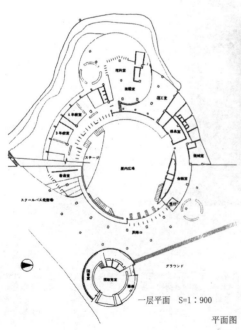

体育馆

所 在 地：奈良县御杖村
设　　　计：青木淳建筑规划事务所
竣 工 时 间：1998年
总建筑面积：4510m²

一层平面　S=1：900

平面图

御杖小学校

在空间规划上，不是理解为"小学"，而是理解为"当作小学使用"。呈螺旋状布置教室，在中央设置兼做体育馆的室内广场。学校所在地御杖村属于人口稀疏村庄，把小学校当作公共特性空间，实现了"只要去，总会看见谁"的空间规划目的。

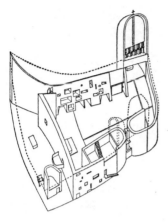

图1　勒・柯布西耶：朗香教堂（1955年）

利用非定型造型，表现神秘色彩。

图2　丹下健三：东京都政府大楼（1991年）

利用装饰性正立面表现首都形象。旁边是现代型住友大厦。

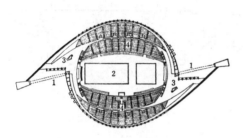

图3　丹下健三：代代木国立室内竞技场（平面图，1974年）

采用巨型悬挂结构，实现了新颖的造型和聚焦性内部空间。

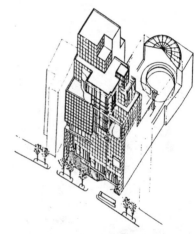

图4　槙文彦：东京青山螺旋大厦（1985年）

与并行街区融为一体，表现丰富、潇洒的外立面。

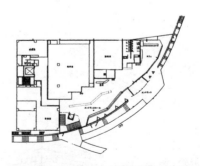

图5　伊东丰雄：八代市立美术馆（1992年）

利用金属，展现符合地形的轻盈、柔和之美。左上：外景照片，左下：剖面图，右：二层平面图。

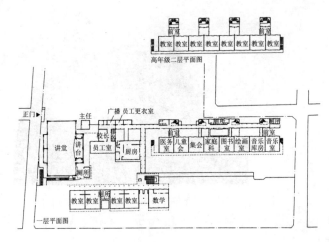

图6　东京大学吉武研：旧宫前小学（1955年）

动线与房间领域完全分离，相互独立。

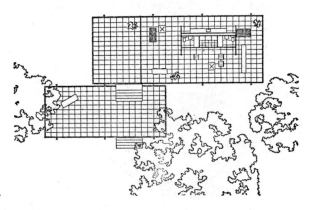

图7　密斯：范斯沃斯私宅平面图（1960年）

这是通用空间设计案例，几乎没有设置房间隔断的自由空间。

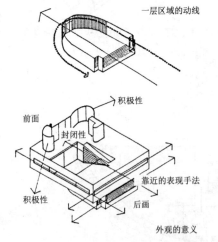

图8　勒·柯布西耶：萨伏伊私宅（1929年）

把只有25m见方的立方体采用架空层向上拔起，一层作为服务区域，二、三层用作居住部分，展现立体式领域构成。

图9　路易斯·康：戈德堡（goldberg）住宅（1958年）

明确中心与周边的关系，他在许多空间组成上，并不重视玄关。

立面图

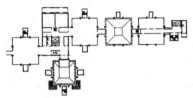

基础楼层平面图

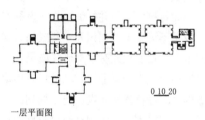

0 10 20

一层平面图

图10　路易斯·康：理查德医学研究所（1961年）

分离服务领域和被服务领域，结构构造很有特色。

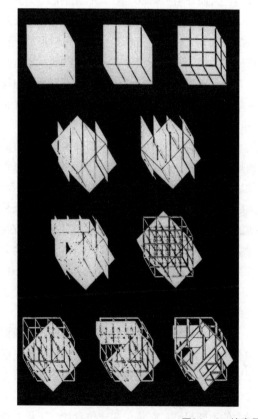

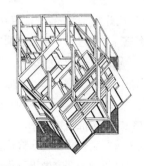

图11　P·埃森曼：R·米拉住宅（1971年）

表示建筑概念设计方法。

7. 建筑规划研究

7.1　研究历史与今后的课题

建筑规划研究的目的是，在建筑规划的开始到结束为止的工作中，也就是从项目大纲到实施设计阶段的工作中，寻找有用的科学性、技术性答案。

进行建筑规划，首先要确立针对建筑功能、活动的目的或者理念。在建筑规划的研究种类中，建筑使用方法的研究是具有最长历史和传统的研究。它有力支援决定建筑目的和具体内容规划。其成果作为科学技术知识，运用到决定建筑功能等规划大纲阶段。建筑形态的研究在建筑规划的研究种类中位居第二位，是设计方法和设计最关注的研究。其成果作为建筑空间构成技术，指导建筑规划工作。外观形态和材料是否与并行街区相协调等实施设计阶段，也是不可或缺的知识和重要成果。建筑规划的目的很多，目前已经有很多研究成果。

（1）研究的开始阶段：自 20 世纪开始，根据使用者的要求进行建筑建设。建筑规划研究也始于这个时期。在日本，建筑规划研究一直是相对独立地发展。1941 年，西山夘三提出"住宅规划学方法理论"，批评建筑建设凭经验和感觉的不科学方式。依此为起点，吉武泰水对包括住宅在内常用的地域设施进行全面研究，大幅度扩大了建筑规划研究领域。第二次世界大战以后（1945），欧美的社会制度和生活文化进入日本，使社会发生了很大的变化。这个时期的建筑规划研究，尤其是在使用方法的研究方面，进行人类生活需求调查，为地域设施的建筑建设提供了基本的技术。可以认为它就是现代建筑类型构思的基础。

与此相反，设计方面的研究却始终滞后。自 20 世纪 70 年代开始，反省过于注重功能性的观点，使建筑开始变得丰富起来。这个时期，对传统部落和文化遗产等建筑，进行了设计的观察性研究。

（2）成果与影响：到了 20 世纪后半叶，在住宅领域，根据西山夘三的城市住宅研究和调查结果，提出了公共住宅的标准住宅规划。之后吉武泰水和铃木成文提出公共集合式住宅研究成果和 51C 型户型，为战后的建筑规划研究做出了很大的贡献。在学校建筑领域，依据吉武泰水和青木正夫的教室布置研究，舍弃之前的布置形式，出现了崭新的教室

规划。在医院、图书馆等其他地域设施领域，通过对欧美建筑规划的调查和使用情况以及需求调查，整理建筑相关制度，出版发行《建筑设计资料集》、《建筑学大纲》等研究成果，扩大了影响。

设计观察，主要围绕认为有日本文化价值的并行街区和神社展开，这对形成群体的建筑设计很有用。不过，在设计方法方面，虽然建筑 CAD 辅助设计发展迅速，但尚没有触及根本的研究领域。

（3）研究课题：西山夘三的科学方法理论中，"食寝分离理论"具有象征性。不过也存在限制使用方法，平面和面积规划等建筑建设思考方式以建筑功能为前提的问题。一般认为，人类自由的主体活动不应受到限制，建筑建设的自由不应受到抑制。还认为，过于注重功能使丰富建筑空间创造受到抑制，20 世纪中叶提出的建筑规划方法已经过时。进入 21 世纪以后，人们开始质疑 20 世纪现代派的思考方式。

（4）反省的尝试：住宅研究，的确有必要对人类的心理性、生理性需求和个性化生活形态进行新的研究探讨。在实际设计方面，也出现从未有过的崭新的住宅设计方案。学校建筑也不例外，出现了开放性自由教室、开放式地域学校建设等研究和设计。这些都是 20 世纪建筑建设似曾忽视的规划问题。

考虑现代社会的多样性，建筑建设所期待的建筑规划，还有不计其数的问题需要研究。例如在住宅领域，存在住宅的封闭化、住宅的个性化、适应新型家庭的住宅形式、社会福利标准化方法等很多需要解决的问题。需要指出的是，最近的建筑规划研究存在与实际期望相偏离的主题设定倾向，存在不能有效支持具体技术的问题。例如：环境与建筑建设关系问题和成本、性能与建筑规划的关系问题等，还不是十分完善，是建筑规划研究需要解决的大问题。

（5）计算机应用：随着计算机性能的不断提高和普及，CAD 辅助设计发展迅猛。CAD 制图在很多领域得到普及。电脑成像（CG）技术、施密特电脑成像（CG）技术使许多构思得以实现。计算机运算能力的不断提高，必将引起建筑设计、工程领域的技术革新。设计的最适合化，是目前最活跃的建筑规划研究领域（参照 7.3 节）。

a. 研究的意义与个人的意图

科学研究就是"利用以往的科学方法，把未知的东西变成已知"的过程。不会追查新的已知东西是否有用。这是因为研究首先要面对探究"未知的东西"。而且，对知识的探索是人类基本的欲望，新的见解和技术即使没有立见效果，经过若干年后终究会发现它的重要性，终究会使社会大进步。

建筑规划研究也一样，不能因为暂时没有作用而被认为是无益的研究。

不过，工学研究或者建筑规划研究，通常总是要追查其有效性。这是由于东西或者建筑一旦被制造出来开始使用，总会对使用者产生若干影响，有

时有可能伤害使用者。这与制造者的意愿无关。

下面介绍 2 件"未知的东西招来的悲剧（重大失误）"案例。

（1）案例 1

图 7.1 是位于美国圣路易斯贝鲁特·伊哥居住小区住宅爆破照片。该小区于竣工后 19 年的 1974 年被拆除。该小区在设计竞赛中以低价位住宅样板而获奖。

但是，竣工后没过几年，小区却变成罪犯和吸毒者的隐藏地，房屋空置率达到 70%。

炸毁小区的原因是犯罪率高。经过后来的研究证明，该小区犯罪多发的原因与小区空间构成有关（纽曼，1976）。

（2）案例 2

图 7.2 是位于东京迪斯尼乐园附近的入船中央庄园小区 2 层胡同接近型联排别墅区域布置图。

设计师知道道路对居住者之间相互交往的重要性，试图通过公共庭院并且保证每户都面向公共庭院，以庭院为核心，形成近邻关系。

入住 2 年以后，做了邻居交往调查。其结果如图 7.3 所示。可以看出，联排别墅的近邻关系并没有认同以公共庭院为中心的小社区化，倒是认可以胡同为中心的小社区化。

案例 1 的失误，并不是来自设计师的无知，而是来自社会性的未知。这种未知在我们周围有很多存在的可能性。这种与社会有关的问题，哪怕是一

图7.1 被炸毁的美国住宅小区（奥斯卡·纽曼. 容易保护的居住空间，表皮 [M]. 汤川利和，汤川聪子译. 鹿岛出版社，1976）

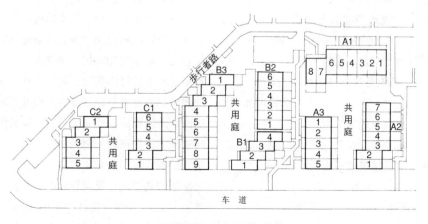

图7.2 入船中央小区布置图（局部）

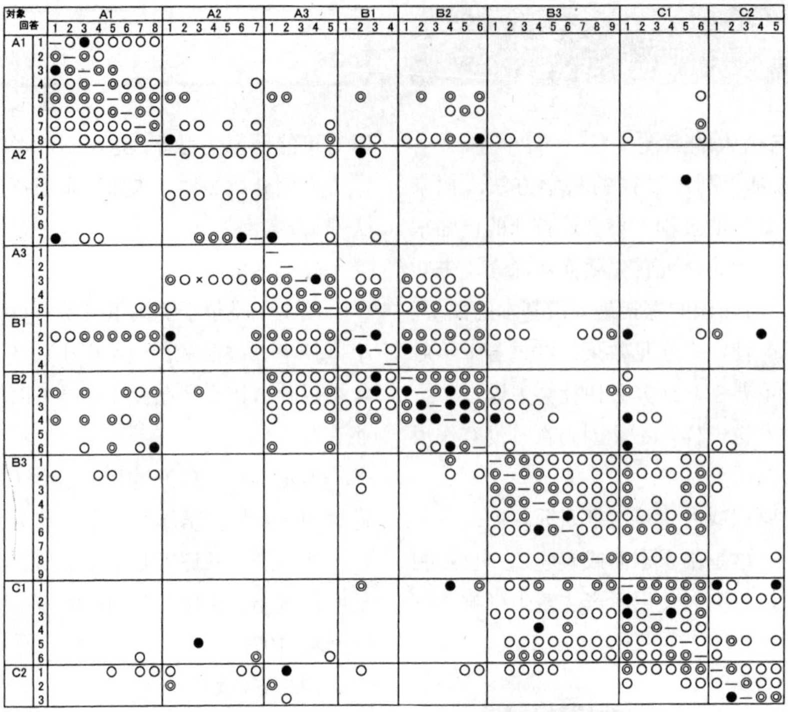

图7.3 入船中央小区计量社会学统计表

●：交往可以达到访问程度，◎：可以站着说话，○：见面互相打招呼。

个也好，尽可能尽早发现，利用科学方法转变为已知的东西。这就是建筑规划研究的社会性使命之一。

反观案例 2 的失误，这是建筑设计现场经常出现的问题。尤其多见于勇敢挑战人类活动和心理作用的设计现场。

提交建筑方案时，常常在如何选择上费心思。翻阅已有文献资料，也经常找不到合适的答案。遇到这种情况，设计师不得不运用所掌握的知识、经验以及悟性，来推进设计工作。

不过，建筑物竣工以后，经常发现建筑物中发生的行为和活动与设计当初的设想并不完全一致。创意性强的设计师遇到这种情况越多。执着的设计师不断重复着这种"实践→观察与考察→实践"的逻辑。这种执着且有创意性的设计师业已是研究者。在创造性设计工作中，针对人类未知的空间作用，采取科学的手法提供可选择的空间，就是建筑规划研究的另一个贡献。这一点上，可以认为尝试建筑规划研究之人一定是建筑空间的设计师。

b. 建筑规划研究对象

有些人担心自己发现的研究课题，是否可以作为建筑规划研究课题。尤其是刚刚涉入建筑领域不久的人都这样认为。举起"科学研究不追究有益性"的盾牌，理应主张自由选择研究课题，但也有例外。有时，在其他领域进行本课题研究，效果可能更佳。下面，分别从内容和方法入手，简要说明建筑规划研究对象。

建筑规划学的研究对象，一般可以分为建筑与人类生活关系和有关"设计方法"两大类。

前者的"建筑与人类的关系"研究，还可以进一步分为三种。建筑经过"策划、事业计划"→"设计"→"建设"三个阶段而形成。第一个研究对象是在三个阶段的最初"策划、事业计划"阶段，该阶段大多以研究功能相关课题为主。也就是说，根据所处时期的经济状况、与住宅和设施的现状关联的政策和设计条件，进行制定标准等研究以及从使用圈、诱发距离、商圈等研究中推断出来的有关设施需求方面的研究。例如，有一项研究以住宅金融基金的融资案例为对象，通过新建独立住宅的房间分割倾向类型化，发现连续型房间分割方法的根深蒂固问题，明确指出住户平面形状的骨架定型化的设计条件和思考方式，为公共、公团和设计师敲响了警钟。该研究（服部，1980）以及已知设计条件与建筑物规划内容之间相互关系的研究（杉浦，1981），都属于此类研究范畴。

第二个研究对象是，把握建筑空间的实际使用方法，通过意识调查明确人类对建筑空间的要求，从人类要求与建筑空间之间存在的偏差和问题中，求得相应建筑空间为目的的研究。设法使人类要求与建筑空间相适应，是建筑规划固有的研究领域，是建筑规划研究最基本的研究对象，同时也是在决定建筑平面、剖面、空间形态阶段，给予启发最多的研究。

第三个研究对象是，从建筑空间与人类的心理、生理的相互关系中，求得所需建筑空间的研究。第二个研究对象是把握和解释受建筑空间影响的人类的行动和意识，而第三个研究对象是，直接把握建筑空间与人类大脑之间关系的研究。

总之，必须理解建筑规划研究是与建筑策划设计有关的学问。

另外，诸如温热等设备问题，像阪神淡路大地震那样直接与灾难相关的结构问题，成为市民热门话题的房屋装修综合征等与建筑材料有关的问题等，也都是属于建筑与人类的关系问题。把建筑规划研究当作"建筑与人类的关系"学问，从建筑规划领域的定义上讲，尚不充分。作为补充，下面阐述有关实现手段方面的建筑规划研究对象。

表示建筑目标的言语，一般采用"用、强、美"等词汇。现在在此基础上一般追加"快"。所谓"用"指的是使用便利，"强"指的是抵抗地震、强风的能力强，"美"如同词义指的是美丽，"快"指的是建设速度或者心情愉快。通常与"强"有关的课题由结构相关研究者担任，与"美"有关的课题由历史、意匠相关研究者担任，与"快"有关的课题由设备工程、环境技术相关研究者担任，与"用"有关的课题由规划相关研究者担任。不过，建筑规划研究并不是仅限于与"用"有关的课题。例如，外部空间的"舒适感"、"拘束感"等以及"宜居场所"等的与环境心理相关的貌似环境工程学研究，也作为建筑规划研究课题。

在建筑设计阶段中，有一个阶段是实施设计阶段。对建筑完全外行的建筑业主进行说明的基本设计结束以后，对工务店、建设施工方传达设计意图的设计阶段就是实施设计阶段。实施设计的图纸包括意匠图、结构图、设备图等三个类型，除小型建筑设计以外，一般由各专业设计师负责完成专业设计。负责意匠的设计师一边统筹结构和设备，一边进行建筑物构思布置即建筑形态、平面、剖面、空间构成等工作。建筑规划的研究，就是把意匠设计师负责的相关领域作为研究对象。

研究的类型取决于研究成果的实现手段或者研究用途。无论是心理性课题，还是与形态、景观有关的课题或者与环境相关的课题，其研究成果在建筑策划阶段和规划、设计阶段，只要不是以结构、设备、环境相关工程技术来解决的，而是采用空间和建筑形态操作方法解决问题的，它就是建筑规划研究。

c. 开始的第一步

研究课题自然越简单越好，但是好多情况往往都不能具体明确。课题得不到解决的原因，可能是以下若干情况：

①对"著名建筑师的作品都是很厉害"的评价不持有怀疑态度；②眼睛只盯住建筑物的好看和氛围，不太在意空间构成的骨架；③没有完全理解已有建筑空间组成类型的含义。

图7.4是位于岐阜县的公营住宅high town北方项目布置图。该集合式住宅由一位著名建筑师担任主创设计师，由4名知名女建筑师负责具体设计。

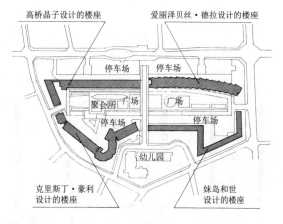

图7.4　岐阜high town 北方布置图（岐阜县土木部住宅科：岐阜县营住宅high town 北方宣传小册子）

位于西北侧的住宅和东南侧住宅是由日本本土设计师设计，另外两栋由外国女建筑师负责设计。图7.5是位于西北侧T楼座的住户平面图，图7.6是位于东南侧S楼座的住户平面图。

T楼座的住户平面图的特点是，设置连续的榻榻米房间，走廊旁边的两间房子通过玄关和过厅可以直接进出。与此相反，S楼座的住户平面图，通过设置大平台与走廊相连接，采用300mm厚墙体把各个房间分开，其中的日式房间开口直接与外部走廊连接（现在只作为空调设备间使用）。

S楼座的住户平面构思来自强调单间，这是日本住户平面发展的基本思想之一。通过每个房间设置出入口，提高单间的独立性，这是战后日本集合式住宅发展的规划演变。反观T楼座的住户平面，通过玄关和过厅直接连接各个房间。在提高单间独立性方面两者并无区别，但是，其中一个规划采用空间的连续性和非连续性相互对立的、一看就明白的传统连续间系统。这一点上，两者是有区别的。

图7.5 high town 北方之T楼座住户平面图（岐阜县土木部住宅科：岐阜县营住宅high town 北方宣传小册子）

图7.6 high town 北方之S楼座住户平面图（岐阜县土木部住宅科：岐阜县营住宅high town 北方宣传小册子）

针对现代住宅空间的连续性与非连续性或者强调单间的问题，对本案建筑设计师的处理方法疑问重重。T楼座的住户中的北侧两间通过过厅直接出入，但需要换鞋，有些不方便。T楼座的住户中的各个单间的私密性是否受到影响，利用木板拉门分开房间，可否可以充当墙壁的作用？S楼座的住户里的日式房间设置了直通外走廊的出入口，在该房间能否安下心？或者居住者压根就没有恐惧心理？

在多数场合，上述疑问可以在已有研究成果和有关资料中，找到答案。当然也存在已有资料中找不到答案的情况。此刻便是建筑规划研究发现课题的瞬间。

以上，熟悉已有建筑空间构成类型，对新的规划保持怀疑态度，就可以迈出发现课题的第一步。发现课题，对建筑规划研究极为重要。其他科学领域的发展日新月异，需要解决的问题堆积如山。相比之下，以"建筑空间与人类的关系"为对象的建筑规划研究的特点是，一个问题牵涉的因素多，潜在的问题多，极难发现课题。

d. 研究架构

发现未知的课题和所要采取的实现手段很重要，它是建筑规划研究不可或缺的事情。前者属于研究开始的部分，后者属于研究结束的部分。

通常的研究要经过"设定课题"→"实地调查、试验"→"考察、分析"→"结论报告与提交"的4个阶段。

进行实际调查，往往产生与设想不符的情况。调查和试验分析结果与设定课题时的设想有出入。出现这种情况，对研究来说是幸运的事情。因为这样可以更加具体、更加深入地进行研讨（图7.7，反馈2）。当然，反复进行课题设想和调查是有困难的。因为反复进行调查，会给被调查者带来很大的迷惑。另外，有时不同的分析方法，也会改变原来的调查方法（图7.7，反馈2）。例如，需要研究有关住宅地空间构成的居住者的空间认知问题。形象地图法是代表性的调查方法。这种调查方法让居住者自行绘制住宅地地图，根据正确度确认认知程度。也有采用数理解析方法，确认空间认知的方法。这种方法的要点是数量或

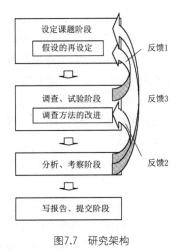

图7.7　研究架构

有关居住的主要统计资料　　表 7.1

名称	内容
国情调查	人口、世代等统计
人口动态调查	出生、死亡，死产、婚姻等全面调查
住宅统计	住宅数、居室数、空置居家数、用地面积、居住水平、居住密度、居住房间使用情况等
家庭经济调查	一代月收入与支出、不同品目支出金额等
社会生活基本调查	平均时间，活动人数，活动率、学习活动、社会服务活动、运动、旅游活动率，医疗设施使用率
国民生活实际调查	所得、从业人员、世代数、家庭教育费用，各阶层国民实际生活等调查了解
国民生活时间调查	按照性别、年龄、职业、地域，把握国民的一周生活样式

者数量上的数据转换，而不是形象地图中的定性数据。而且这种分析方法，不仅与调查方法有关，有时甚至需要改变课题设想。因为此时有可能出现之前认为不可能的研究成为可能，所采用的新分析方法有可能诱发新的研究课题（图 7.7，反馈 3）。

总之，推进研究，无论采取"实际调查、试验"方法还是采取"分析"方法，都需要经过上述研究架构的 4 个阶段。

下面阐述 4 个阶段中的第 2 阶段和第 3 阶段。

1）调查类型

以建筑空间与人类关系作为研究对象的建筑规划研究，数据的收集占据很大的分量。收集数据的方法大体上可以分为利用现有统计调查和实际调查两种。

现有的统计资料，包括很多案例，范围很广，非常适合较长时间段的动向调查。由于建筑空间与人类相关的统计资料较少，而且多数统计资料都是建筑空间或者人类一方作为统计对象（表 7.1）。还有，建筑规划学主要课题之一的有关平面形状的数据，很难在统计资料中找到，这种调查均委托建筑规划研究者调查（图 7.8）。

与此相反，实际调查可以使建筑空间与人类关系相关调查成为可能，是明确两者关系的比较适合的方法。

实际调查大体分为"观察性调查"、"打听式调查"、"自行记录的民意调查"三种。以下阐述各调查的特点和要点。

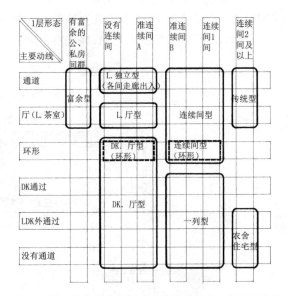

图7.8　新建独立住宅平面类型［服部芩生. 从平面类型研究有关居住样式动向（1）［J］. 住宅建筑研究所学报，No.7，pp.87-116,1980］

（1）观察性调查

在预备调查阶段，形成问题的意识性和发现问题点。在实际调查阶段，除了收集数据以外，还可以确认分析结果的稳妥性和获得启发。观察性调查早在今和次郎的现考学之前就已经存在，是很久以前实行的方法，是建筑规划研究最基本的调查方法之一。

观察性调查内容包括：以建筑内部为主要对象的"家具、物品摆设调查"，以外部空间为对象的"设计观察"，以人类生活和活动为对象的"行为观察与调查"。"家具、物品摆设调查"是指，详细观察和记录住家和设施内的物品种类和摆设。例如，把握住家内的生活实际情况，不可能把住家内的所有生活行为都进行追踪，因此作为生活行为的替代调查，记录居家购置的家具和物品的种类和摆设等生活行为的缩影，从这些陈列中读取生活状况（参照图7.9）。

"设计观察"的调查内容和方法多种多样，很难归结为某一类型。通常以若干具有空间魅力的村落、街区、城市空间等为调查对象，进行实地观测，收集该地域的历史、地理以及社会方面的资料，发掘隐藏在标的物中的有关空间的组成和构思。

"行为观察与调查"是指，采取各种方法记述空间里的人类活动状况，是目前使用较多的调查方法。行为观察与调查的方法分直接观察和间接

观察两种。直接观察还可以划分为定点观察和移动观察。定点观察是借助目视或者相机等，观察一定范围内的空间中的人类活动和空间分布，并把结果图面化的观察方法。与此相反，移动观察是所谓的尾随观察，在跟随被调查者的过程中，观察其活动轨迹的方法。图7.10是根据直接观察获得的医院手术部周围护士的动线移动模型。利用该模型对医院手术室改善前后平面进行对比和评价。

另一方面，行为观察与调查的间接调查，包括从海滨沙场、运动场等处的脚印中观察活动轨迹的踏勘调查，在某一观察点，记录通过人数和通过时间的计量和计时调查，住居内部等不便进行活动观察时采用的打听调查等方法。

在进行观察和调查时，务必要留意的问题是，

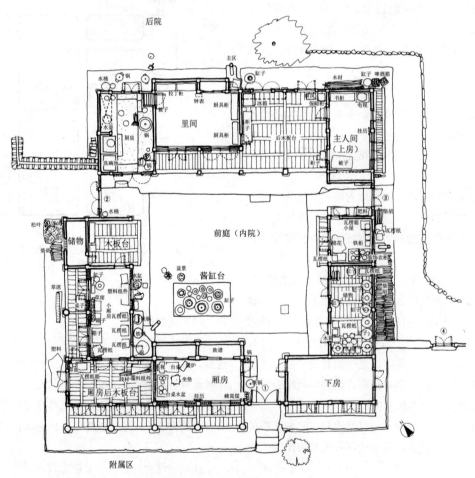

楼座分为主区和附属区。通往前庭的三个入口使用有别。
①为主入口，②主要用于祭祀扫墓，③主要用于进出后院，③和④使用于亲家母来访。

图7.9　韩国传统住居家具、物品布置（铃木成文等住宅研究小组．韩国现代居住学［J］．建筑知识，1990：110）（比例1：200）

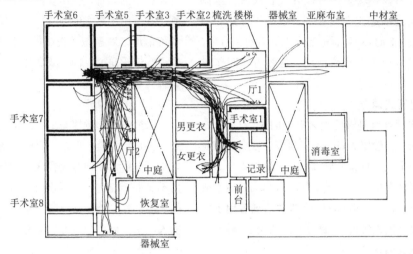

（a）外围护士动线移动比较　　　　　　　　　　　　　　　　　　　　改善前　1973年10月18日

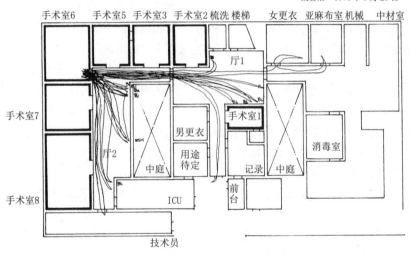

改善后　1974年8月20日

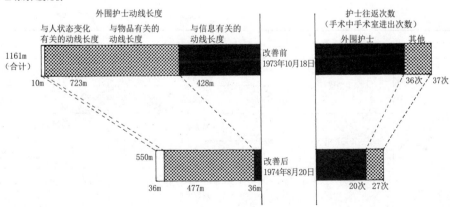

（b）外围护士动线长度比较

图7.10　根据动线模型进行的平面评价［柳泽忠，今井正次．有关中央手术区流通的研究（其3）［R］．日本建筑学会论文报告集，No.236，pp.69-78，1975］

不能影响被调查对象的日常活动。为此，需要采取物理性隔离或者心理性隔离方法。当然也有不好隔离的情况。例如，进行国外或者农村村落调查时，如果隐藏起来会使被调查者产生怀疑，得到相反效果。此时，观察者应当融入调查对象群体，一同生活的同时展开观察活动。这种方法叫作参与型观察。

（2）打听式调查

打听式调查就是询问调查对象的生活、活动、意见的方法。一般事先设定问询事项。依据调查对象的兴趣，采取无拘束的问询方式，这很重要，这是因为这样做有可能了解到事先没有想到的问题或见解。打听式调查一般作为预备性调查或者用于发现问题或设立假设等调查。进行村落或民居调查时，也可作为正式调查。

（3）自行记录的民意调查

自行记录的民意调查，是住家内部生活、活动等不能直接观察时采用的调查方法。有时也有调查员记录的场合，大部分由调查对象自行记录。

调查分实际状态调查和意识调查，调查内容包括，居住者、使用者属性，住家内或设施内行为种类与行为场所，居住者、住院患者的小区内或医院里的交流关系等。意识调查可以再分为房间分割、设施内容的选择、评价调查和采用形象地图、SD方法了解调查对象对空间的知觉或者认知程度等的调查。

民意调查的询问事项统一，采样收集量较多，便于以后的分析。但是经常得不到预期的结果。在生活、使用的实际调查中，如果把问询事项限定在容易看懂的范围，得到的数据比较接近实际。但是有关意识的调查，会出现同一个问询五花八门的见解，甚至出现恣意的回答。为了保证调查的真实性和可信度，对意识调查中的问询事项和问询方法，要进行慎重研讨。同时要做好组合各种分析方法的调查计划。

2）分析种类

研究的通常顺序是：明确课题，后制定调查计划，再进行调查。但是，有时仅依靠调查数据不足以进行分析，即便有诠释课题的分析方法，由于数据不足而不能进行。调查内容和方法与分析方法之间大多存在"鸡与蛋"的关系，对刚进入研究领域的人，熟悉已有分析方法很重要。

建筑规划研究也常用数理统计学和心理学分析方法。尤其是，住宅问题自 1975 年"由数量向质量"转移以后，更加普遍采用。自从建筑规划研究对象在人类的生活、活动基础上加进来"心"的问题以后，空间与人的关系更为复杂，要求采用同时分析大量因素的研究方法。

有关多因素分析方法（被称为多变量分析方法）的运用，主要以适合研究目的的分析方法的选择为中心，进行概略说明，各分析方法的详细说明请参阅相关专业书籍。

如表 7.2 表示，在客观标准变量（目的变量、从属变量，也统称为外部变量）的种类、个数和说明变量（主观内在标准变量、独立变量，也统称为预测变量）种类中，整理出来主要多变量分析因

多变量分析方法种类   表 7.2

客观标准的有与无	客观标准的种类	说明变量的种类	分析方法
有	是数值	是数值	多重回归分析，正态分析
		不是数值	数值化Ⅰ类
	不是数值	是数值	判别函数，多重判别分析
		不是数值	数值化Ⅱ类
无		是数值	主成分分析，因子分析，数值化Ⅳ类，分类分析，十进制多元尺度法
		不是数值	数量化Ⅲ类，潜在结构分析，十进制多元尺度法

素。假设有 2 组变量，当利用其中 1 组变量值预测另一组变量值时，被预测组变量称作客观标准变量，预测组变量称作主观变量即说明变量。如表 7.2 所示，对客观变量的存在与否，以及客观变量的数值化与否，所对应的多变量解析分析方法是不同的。说明变量的数值化与否也会影响多变量分析方法的选择。

表 7.2 所列的分析方法的分类，也与使用方法有关。把调查收集的相互影响数据单一化处理，互相赋予无相关特征值时，应采用主成分分析方法；从收集来的多项目相关数据中找出共同因子，通过共同因子诠释隐藏在数据中的结构时，应采用因子分析方法或者数量化III类分析方法；对相关对象的相异性和相似性赋予数值，使其相似化或者可按树形图状分类时，应采用分类分析方法；当收集的客观变量和说明变量为已知，可以得到相同项目和相同尺度的新的说明变量，新的说明变量所对应的客观变量可以预测其数值或者判别结果时，应采用多重回归分析、数值化Ⅰ类分析、数值化Ⅱ类分析等方法（参见表 7.2）。

还有，计算机和整套软件的普及，使多变量分析方法的运用变得很容易。同时也出现了不同的声音，主要反映在调查项目比较粗糙，收集的数据没有认真筛选和推敲，课题不明确等问题上。

刚涉足研究领域的人，能够熟练运用高级分析方法固然是一件好事情。但是切记，要把眼睛聚焦于建筑空间与人类关系问题上，要树立勇于发现看不见的东西的信心。

7.3 设计研究对象与整理汇总

a. 研究的意义与对象

设计研究以建筑设计中的重要设计方法和形态为主要研究对象。设计方法，在建筑建设中，主要以开发从功能性条件到空间形态组成的方法为目的。关心建筑建设的人，历来都在关心设计方法的秘密。明确建筑设计方法，意味着建筑朝着简单、合理的组成方向发展。设计研究一方面探索建筑设计方法理论，另一方面明示形态和空间这个设计重要课题的实际形态及其意义。

还有，对建筑设计课题中最被重视的形态和空间，一般多采取案例分析的方式。这样做，虽然不能直接转变成建筑设计方法，但是从解开优秀建筑的秘密的兴致出发，使其成为研究主题。其研究成果，在进行形态和空间选择的设计方法组合时，会成为有用的知识。调查以往的建筑和城市设计，探索其秘密，这就是所谓的设计观察研究，也属于前瞻性研究。近年来，陆续开发了高级的分析方法，对普通的传统建筑和城市设计，都采用数理解析方法。

现在，计算机辅助建筑设计得到普及，对计算机辅助设计（CAD, computer aided design）的期待也很高，期待建筑拥有与过去不同的宽敞与丰富。对新建筑建设方法的关心大大增多。

近年来的建筑建设过程，已经演变成电脑化，与电脑有关的方法层出不穷。具体表现在问题的处理能力、数据的积攒能力以及图像表达能力上。发展之初，对能够自动计算最适宜建筑的方法倾注资源，并没有获得有益的成果。现在，虽然还不能说是能够生产终极优秀建筑，但是，都普遍采用电脑成像（CG）建筑图纸。利用模型软件，进行合理组合，把图面资料数值化，形成数据空间的工作很普遍。从这些情况可知，有关建筑设计方法的研究，已经不能局限在建筑规划范围，需要更大范围的建筑技术和计算机工程学技术并加以综合运用到建筑设计方法研究。

b. 研究的方法

（1）设计观察研究：在仓敷、今井町（奈良）、大内村（福岛）等地，出现利用设计观察发现文化价值的案例。它是通过实地调查，收集对象地的建筑和并行街区数据，复原到图面上的作业。保护至今的建筑和并行街区，见证了很多历史演变。把家具、生活器具、生活用品以及街区基础设施等硬件相位和家族史、城市历史等软件相位以及建筑相位，进行全方位明确定位。据此明确建筑和街区的文化意义。畑聪一的渔村群落、斋木崇人的农村群落、

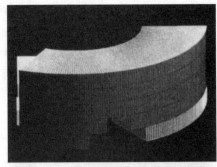

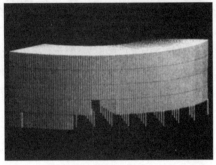

研讨最初模型获得的建筑形象模型

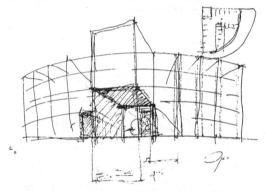

木岛氏手绘的最初模型。切开建筑，从通道看到内庭院树木。

图7.11　CAD建模案例（两角光男．建筑设计新形式［M］．丸善，1998）

门内辉之的并行街区设计调查，都是最近完成的优秀成果。坂本一成的研究成果也已经应用到现代传统建筑和城市设计。

（2）设计方法研究：C·埃里克森的"有关形态合成研究"（1963）是最早的设计方法研究。他提出了把已知的设计条件按照相近关系进行分组的数理化处理方法。利用该方法，把设计问题分成若干组，针对每组探索合适的解决方案。当时，很多研究者都倾向于借助计算机的自动化设计，试图开发带有普遍性的模型。但是，建筑设计的

问题特性，使以埃里克森为代表的研究者的研究方法有效性大打折扣。之后，以P·斯蒂德曼和吉田胜行为代表的研究者开始尝试利用矩形分割制作形态辞书，试图开发选择性的设计方法。作为同类型研究，还有把建筑空间平面图像化，赋予平面图像以空间双重性，使其自动完成符合给定条件的矩形分割之最佳通道设计的研究方法。最近，J·米切尔、青木义次、服部芩生等人，尝试开发依据建筑空间记述的建筑设计方法。总之，无论是哪一种研究成果，在实际应用方面尚不够充分。

最近以来，通过分析处理设计课题条件，筛选其中最重要的条件，指明解决问题的方向性的系统化设计受到瞩目。该方法被称作ISM（interactive structural modeling），它发展了埃里克森的问题分割方法，指出了各组的解决顺序。它是试图通过最基本问题的最适合化，分阶段地把整体最适合化的思考方式。这种方法不仅对建筑，对所有创造行为，指明了解决问题的理论。

（3）设计方法研究的辅助手段：设计作业，需要计算尺寸和面积、设计中确认动线规划等许多手段。大部分手段如同建筑结构计算，通过计算机软件完成。大家熟悉建筑基准法规定的面积计算方法、日照数据、阴影轨迹计算和制图等手段。此外，利用避难距离和时间以及危险程度来模拟避难动线有效性的软件也已开发和普及。尚没有推广的GIS（地理信息系统）数据运用、复数设施的最适合布置计算手段等，将成为今后的研究开发对象。

（4）其他研究：试图把感觉性设计效果明确量化的研究，始终没有停止过。在空间、形态等标的物受到的刺激S（stimulus）和反应R（response）之间，存在一定的关系。分析刺激的意义，从而分析建筑特性效果的方法叫作SD法（语义识别法）。此法源自感性工程学，由于使获得的效果最大化，在控制建筑特性方面很有效。

近年来，还流行分析建筑设计方法和思想的研究。其中，坂本一成的有关思想的研究包罗性强，总结了20世纪建筑研究。

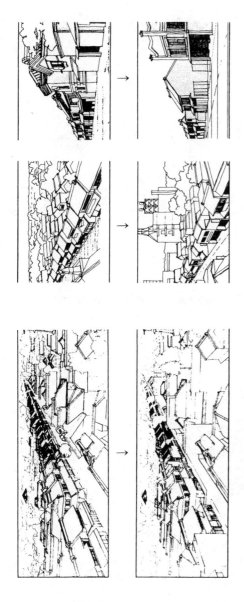

图7.12 从设计观察到修复保护：川越案例（建筑规划教科书［M］. 彰国社，1989）从设计观察到修复保护：川越案例

丹波筱山

C_a = [相关／直接／山墙开口／屋顶部分：x_1, x_2, x_3, x_4],
S_a = [x_1／坡度；……／瓦修葺；栈瓦修葺／屋檐下部分：……／正面部分：x_2／要素：x_3／x_4／大墙、实墙构造／屋檐口／山墙开口／歇山式屋顶、半歇山式屋顶、人字形屋顶，x_2=（2层、临街2层），x_3=（格子，——），x_4=（顶面，——）

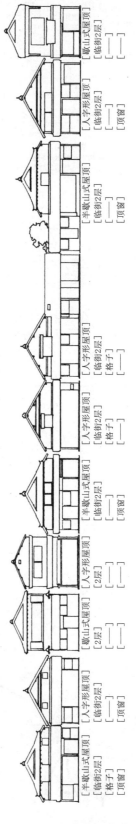

图7.13 依据符号理论进行的并行街区记述案例：外观要素的形态语言（门内辉行. 早稻田大学学位论文［D］. 1995）

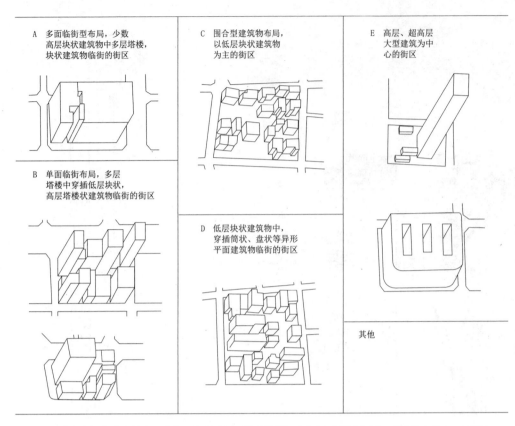

图7.14　城市空间分类（坂本一成等．东京局部区域"城镇"空间组成类型［D］．建筑学会论文，1995）

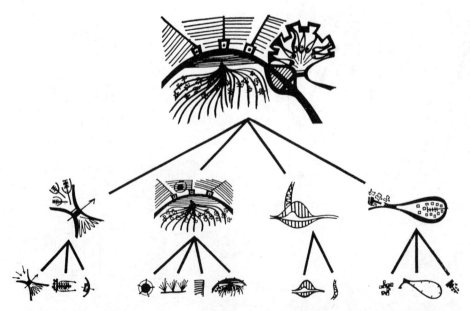

图7.15　图案问题分割图表（C·埃里克森．有关形状合成笔记［M］．稻叶武司译．鹿岛出版社，1998）

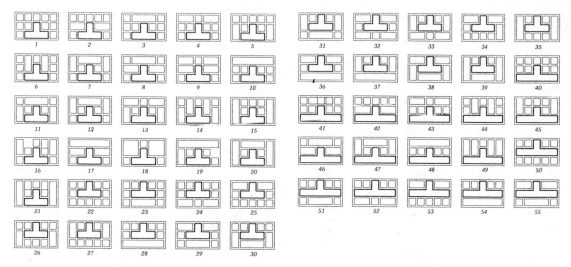

图7.16　形态辞书：巴拉迪奥风格平面一览（3×5场合）（W·J·米切尔．建筑逻辑［M］．MIT，1989）

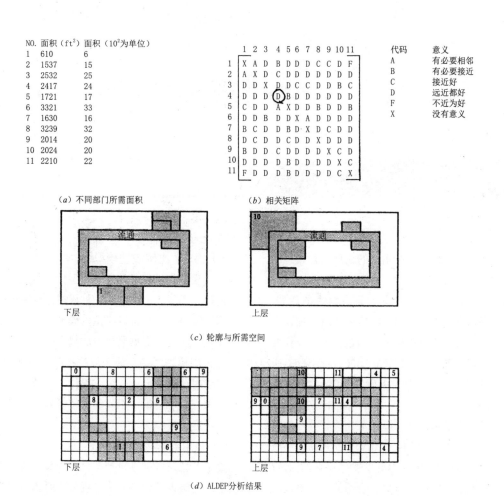

NO.	面积（ft²）	面积（10²为单位）
1	610	6
2	1537	15
3	2532	25
4	2417	24
5	1721	17
6	3321	33
7	1630	16
8	3239	32
9	2014	20
10	2024	20
11	2210	22

代码	意义
A	有必要相邻
B	有必要接近
C	接近好
D	远近都好
F	不近为好
X	没有意义

（a）不同部门所需面积　　　　（b）相关矩阵

（c）轮廓与所需空间

（d）ALDEP分析结果

图7.17　从已知条件导出平面规划的ALDEP模式图（Seehof, J.M. and Evans, W.O. Automated Layout Design Program［J］. Journal of Industrial Engineering, Vol.18, No.12,1967）

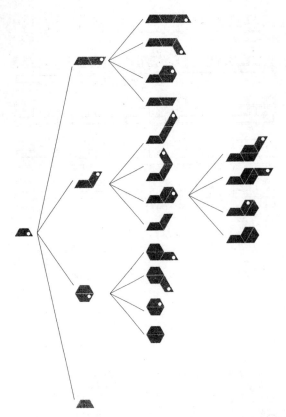

图7.18 魅力形状的一种展开手段（W·J·米切尔．建筑逻辑 [M]．MIT，1989）

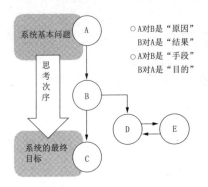

○ A对B是"原因"
　B对A是"结果"
○ A对B是"手段"
　B对A是"目的"

图7.19 模型结构解释
利用结构分析发现系统的基本问题并改进模型
（原田利宜：系统化设计方法理论与应用：设计方法理论的尝试 [M]．东海大学出版社，1996）

7.4 最适合化建筑设计

a. 最适宜化建筑设计

几乎所有的建筑都是在指定的场所只建设一次的生产物，而且完成后的变更不允许产生较大费用。为以防万一，需要充分的研讨，订立缜密的计划，努力采取最适宜的设计。但是，整体建筑规模较大时，需要考虑的设计要素和相关因素增多，设计变得复杂，没有丰富的知识和经验无法进行充分的研讨。进行切实可行的设计，需要确切的设计课题"模型"以及相应的"模拟"。所谓"模拟"是指模拟试验。与实物不同，它是利用某一模型事先检验其性能的方法。"模型"可以定义为：记述和表现被研讨系统的工具。它把实物进行单一化，去掉不必要的因素，突出其本质或者采取比实物更加合适的、调整过的形状。以下阐述依据模型和模拟进行的最适宜设计方法。

b. 模拟与模型制作

1）物理／比例模型模拟

建筑模型是大家最熟悉的模型，它是采用不同比例将建筑形状压缩而成的一种模拟。这种模型称为比例压缩模型。它可以是室内模型，也可以是建筑单体模型，有时根据需要做成整个街区或者区域规模较大的模型，甚至还可以模拟整个城市景观。还可以运用在意念设计、音响设计、空调设计等很多其他领域。近年来，不制作实体模型，大多利用电脑直接进行模拟。

2）利用数学模型的模拟

数学模型是依据逻辑推理公式和数理公式表达的模型。建筑设计分骨架确定规划阶段和具体构造设计阶段。在规划阶段，采用逻辑性数学模型很有效。例如，概念、形态、布置、规模、设备等设计，都没有特别指定适用对象。采用数学模型，进行计算机模拟，无论设计对象有多么复杂，都能发现有效、适宜的设计。

数学模型可以分为：①不含偶然因素的模型决定理论；②包含偶然因素的模型概率理论。又可以进一步划分为：③包含时间因素的动态模型，④不含时间因素的静态模型。通常，概率理论模型相对于决定理论模型，动态模型相对于静态模型，在最适宜化方面的困难较大。在建立模型时，遇到必须考虑偶然因素（如灾害等），则模型就是模型概率理论。以随时间变化的系统为对象，则模型就成为动态模型。

c. 确定设计目的、规划问题、原型

建筑设计规划与社会系统、人类系统、人工系统、经济系统等各种系统相关联，设计规划课题也有很多分支。"如何布置建筑各房间？"、"每个房间的面积如何选择？"等平面规划设计，"如何选择电梯的种类和数量？"等交通规划设计，"如何选择建筑地点？"等设施布置设计，"如何选择设备以降低环境负荷？"等环境与设备规划设计，所有这些都是设计需要解决的问题。考虑最适宜化设计方案时，通常都要进行设计目的的问题化作业。这个问题称为"规划问题（programming problem）"。规划问题决定各个要素的构造之前阶段的，建筑设计骨架的问题。

确定规划问题是设计规划第一阶段的工作。通过确定规划问题，明确设计目的。在设计初期阶段，是以提高有效性、安全性、舒适性、公平性等一般性能为目的，并把目的具体化，直到可以用图面表示与设计组成因素之间的关系为止。而模型就是把设计目的和复杂机构系统用简单的图形进行假设。规划问题的具体化与模型的良好衔接是有效模拟的先决条件。把模型简单到何种程度也是重要的影响因素。过于复杂的模型，或许更加精确的模拟实际，但非常费事和麻烦。如果模型过于简单，很容易进行模拟，但是有可能得不到必要的精度。掌握好问题确定与模型之间的平衡，才能得到有效的模拟。

d. 模型与模拟

模拟的概念很广，根据模拟进行的最适宜化设计方法，可以整理成以下三个类型。

1）数理规划方法：这种方法可以在众多条件已知，已经明确最适宜的目的，设计理念也可以明确设定，可以判断设计的优劣，技术上也是最适合的场合使用。规模较小，相关因素不多时，也可以采用手算的方法。一般的建筑设计，由于相关因素很多，借助计算机进行最适合化设计的情况较多。

2）调查分析方法：设计理念还没有明确，模型的具体化有困难时，为了使设计理念最适宜化，通常对已有设计进行实际调查，进行建筑使用者和客户的民意调查和采访。并进行分析，重新调整模型，进行最适宜化设计作业。重新调整模型，有时可以发现最适宜设计，有时还需要运用数理规划等方法，进行最适宜设计模拟。

3）模拟方法：这是在狭义的模拟状态下进行的变换条件的试验方法。通常在概念明确、目的清楚的情况下，设计标的系统极为复杂，需要考虑时间因素等场合，也就是可以制作模型但从中得不到最适宜解答的情况下采用。布置各种平面并进行组合，比较各自结果，探讨最适宜方案。多使用在利用物理模型和比例模型进行研讨的场合。

这些方法，有时采用其中的一个方法就能解决问题，而有时需要组合1）与2）、2）与3）方法等以复合方法进行研讨。采取数理规划方法时，遇到复杂系统，则必须采用模拟方法去发现最适宜设计。有时还需要实际调查和重新调整模型。现实中的设计问题，单一的方法往往不能解决问题，大多需要组合各种方法来推进规划作业。

e. 最适宜化方法

迄今为止的规划学研究，已经取得很多模型与模拟方法，广泛运用于建筑设计的各方面。针对上述三种方法，以下介绍若干代表性的设计技术。

1）数理规划型接近技术：设施布置模型

所谓数理规划型接近技术是指采用数理性求解最适宜答案的方法。根据数理规划方法（mathematical programming）的最适宜化设计，现已开发出最适宜化房间布置、数量，最适宜化规模等模型。在这里介绍最适宜化设施布置模型。设施布置模型，在数理规划型接近最适宜方法中，是最有代表性的模型。

问题1："已知某使用者分布，怎样布置设施

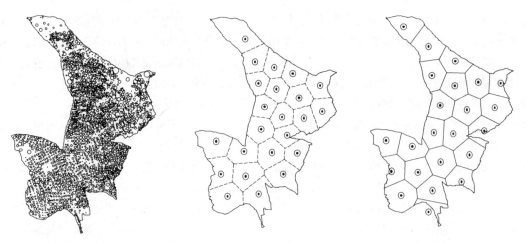

图7.20 人口分布（左）与小合计问题的最适宜布置案例（中）与极小问题的最适宜布置案例（右）（岸本达也："城市规划论文集"，pp.109-114,1997）

使使用者到设施的距离总和最小？"（小合计问题）

该问题把"到设施的距离总和"作为布置设计的最重要指标，以使用距离总和最小布置为设计目的进行设施布置设计。现实中的设施布置设计，通常采取其平均距离最小，是因为考虑接近的便利性，它将成为设计参考的重要场所。模拟这种情况，可以成为设计实际运用的手段之一。

问题2："已知某使用者分布，怎样布置 n 个设施使其使用最近的设施并到设施的距离总和最小？"

该问题需要利用①到设施的距离总和与②只使用最近设施为指标的2个模型，以布置 n 个设施使到设施的距离总和最小为设计目标进行设施布置设计。

比较问题1与问题2，问题2的最适宜化布置更难。通常，模型越复杂、变量越多，依据数理规划方法的最适宜设计就越困难。关于问题2，到目前还没有严密的最适宜化求解方法，尚处在摸索性求解方法研究阶段。

设施布置设计，还有很多其他模型：

"怎样使到设施的最大距离最小化？"（极小问题）

"怎样使到设施的最小距离的最大化？"（极大问题）

"怎样使设施周围 x km 以内的使用者最大化？"（覆盖圈问题）

设施布置模型，不只是单一的问题，还有许多诸如考虑出车申请准确率的消防设施的最适宜布置、有一定容量的避难场所布置、停车场的最适宜布置、具有楼层服务功能的设施布置等符合设施用途的设施布置模型，都在设计中得到应用。

2）调查型接近技术：设计理念的最适宜化

即使确定了设计目标，有时却不知道在何种理念下如何具体化的情形。例如：面对诸如"现在何种公寓设计理念最受青睐？"等使用者喜好和生活形态方面的设计问题，如同前述的设施布置问题那样，采用事先设置好的模型是不能得到最适宜化答案。首先要归纳性的明确模型结构。通过民意调查和面谈，把握使用者的喜好，确认重要的设计因素，重新调整模型。

把握模型结构的方法很多，尽管体系性的把握有些困难。总的来讲，可以划分为以下2种：①从无知状态下，发现模糊结构的定性分析方法；②从某种程度了解结构的状态下，弄清设计要素的重要性程度的定量分析方法。前者是通过调查确认同类型模型结构的方法，后者还可以变换同类型模型结构的参数。

在方法①中，最常用的方法是 SD 方法（semantic differential）。该方法具体为：选择复数设计样本，使用一对形容词（例如：明或暗、重或轻等），以打钩的方式让被调查者自行选择适合自己的选项。再把调查结果采用因子分析、主成分分析等方法进行统计分析，明确样本与使用者评价结构。这样做的目的是：可以站在使用者立场分析设计特点和基于设计评价分析使用者特点。此外，还有保留格子方法。该方法具体为：对复数设计样本，采取"为什么说这样好？"、"怎样做才好？"等问卷方式，反复进行调查，从而明确影响评价的因素和结构，其主要用于定性的明确设计因素结构。

方法②是，当重要的设计因素在某种程度搅和在一起时，定量分析和明确对各要素的喜好度评价的方法。通常，复数设计因素具有交换、舍弃关系，把所有的因素都变成最适宜选择是不可能的。以分户出售的公寓为例：以上班时间 20 分钟以内、步行到车站 5 分钟、面积 130m²、总价 2000 万、总户数 20 户的小型公寓等的条件进行规划，在现实中是行不通的。如果知道使用者的对用地、大小、规模的置办意愿程度，就可以做出定量的最适宜策划。联合模型、AHP（analytical hierarchy process，阶层分析）模型等是定量分析和明确性质的模型。联合模型是一种把不同价值的设计样本组合在一起，进行一对一或者排列顺序的评价，从中确认每一个要素价值喜好度的分析方法。AHP 模型是联合模型的一种，把设计因素分解成具有层次结构的复数要素（概念），进行一对一的评价。这是从上到下继承重叠部分要素的分析方法，多在设计理念比较复杂时采用。

这些方法主要来自心理学研究成果。近年来，不仅在建筑领域，在商品开发、市场调查研究等其他领域也都广泛采用这些方法。

3）依据狭义模拟的接近：各种案例

在多数场合，不容易实现建筑设计的最适宜化。这是因为建筑设计是包含巨大因素的三维空间形态设计，在很多场合都不容易评价其优劣，很多场合都要考虑时间因素。此时，可以采用试验性模型的狭义模拟方法。

通常的建筑模型工作，都是从形态的意念模拟开始。从室内到街区甚至到城市层面，模型各式各样。近年来，开始采用小型录像 CCD 相机，进行室内模型的内景模拟、街区景观模拟等作业。

不仅是意念设计，在音响设计、空调设计中，也多使用比例模型进行模拟作业。音乐厅的音响设计，利用比例模型进行音响模拟实验，大空间空调设计，利用气流模拟进行出风口形状和位置的通风设计研讨。在城市层面，对超高层建筑、大型开发等项目，通过风洞模拟实验研讨建筑形态。

近年来，考虑到制作比例模型花费大量时间，大量采用计算机模拟。利用 CAD 工具建立 3D 模型，制作图像和动画（PPT）进行设计研讨。随着计算机性能的不断提高，音响、气流等模拟也都可以在家用电脑上进行。不过，需要注意的问题是，在景观设计和建筑形态设计中，由计算机合成的 3D 图像仅仅是平面显示屏上显示的假想的三维空间，并不是真实的三维空间。

除此之外，防灾和安全规划也是需要模拟的重要规划课题。这个课题不能利用比例模型来模拟，利用实物也不好模拟。最好是利用计算机来模拟和研讨最适宜设计。在安全规划中，通常要进行行人移动模拟、避难模拟、火势蔓延模拟等从建筑单体到城市区域的广泛领域的模拟实验。

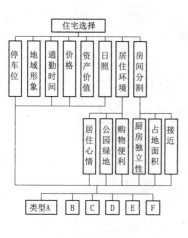

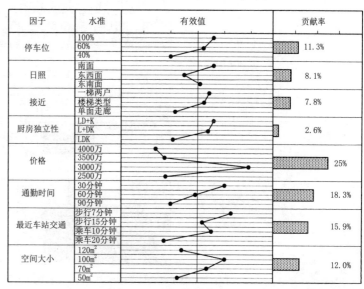

图7.21　依据 AHP、联合模型的模型调整与同类模型参数案例

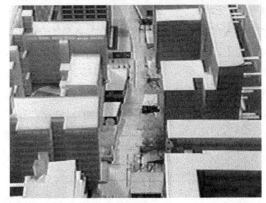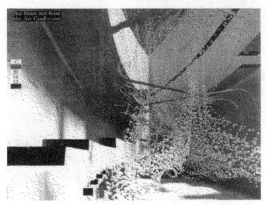

图7.22　根据比例模型进行的街区空间模拟（城市基础设施整备公团，东云工程）

图7.23　根据比例模型与计算机进行的气流模拟（庆应义塾大学村上研究室）

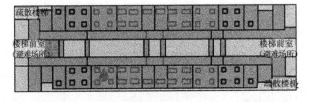

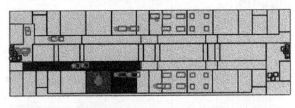

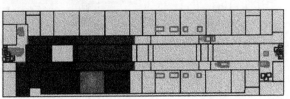

图7.24　住院部楼层避难模拟（竹中工务店技术研究所）

参考文献

■全　章

矶崎新．建筑解体［M］．美术出版社，1975．

稻垣荣三．日本近代建筑上、下［M］．鹿岛出版社，1979．

大江宏等．新建筑学大纲1：建筑概论［M］．彰国社，1982．

冈田光正．建筑人类工程学：空间设计原点［M］．理工学社，1993．

冈田光正等．建筑规划上、下［M］．鹿岛出版社，1987．

建筑规划教科书研究会．建筑规划教科书［M］．彰国社，1989．

铃木成文，服部芩生等．新建筑学大纲23：建筑规划［M］．彰国社，1982．

铃木成文，守屋秀夫等．建筑规划［M］．实教出版，1975．

丹下健三．人类与建筑［M］．彰国社．

日本建筑学会．新建筑设计资料集［M］．丸善，2001～．

日本建筑学会．建筑学浏览：规划篇［M］．丸善，1980．

日本建筑学会．近代日本建筑学发展史［M］．丸善，1972．

原广司．集落之旅［M］．岩波书店，1988．

原广司．空间"从功能到模样"［M］．岩波书店，1987．

吉武泰水．建筑规划学1-12［M］．丸善，1972～1979．

R·鲁道夫斯基．没有建筑师的建筑［M］．渡边武信译．鹿岛出版社，1984．

M·A·罗杰．建筑试理论［M］．三宅理一译．中央公论美术出版．

■0. 前言

韦德鲁维斯．韦德鲁维斯建筑书［M］．森田庆一译注．东海大学出版社，1979．

■1. 建筑规划的状况

O·瓦格纳．近代建筑［M］．樋口清等译．中央公论美术出版，1985．

伊东丰雄．透层建筑［M］．青土社，2000．

■2. 建筑规划的基础

网野正亲,池田贤等."有关SI住宅技术开发研究"，建筑学会大会学术演讲梗概集，E-1，pp.723-730，2000．

大野隆司．建筑架构规划［M］．市谷出版社．

S·吉迪翁著．空间、时间、建筑1，2［M］．太田实译．丸善，1969．

栗原嘉一郎，富江伸二，佐藤平．社会福祉建筑规划［M］．form社，1978．

佐藤平．身体残疾者与城市环境［J］．建筑知识，1974．

佐藤平等．身心障碍与新设施规划［M］．软件科学社，1978．

嶋本恒雄,相川三郎．建筑学小词典［M］．理工学社，1980．

仙田满："关于地球环境、建筑宪章的制定"，建筑杂志，No.1458，p.3，2000．

R·索玛．人类的空间［M］．鹿岛出版社，1972．

田村明．城市里的建筑外部空间：外部空间构造另册［M］．彰国社，1976．

E.T.霍尔．隐藏的次元［M］．三铃书房，1970．

O·F·布鲁诺．人类的空间［M］．行家书房，1978．

宫田纪元．窗户功能与视觉［M］．Glass & Architecture，1977．

■3. 设计规划思考——建筑规划理论

B·杰维．作为空间的建筑上、下［M］．栗田勇译．鹿岛出版社，1977．

日本建筑学会．人类环境系列设计［M］．彰国社，2001．

日本建筑学会．建筑法规用教科书［M］．日本建筑学会，1988.

勒·柯布西耶．走向新建筑［M］．吉阪隆正译．鹿岛出版社，1975.

和辻哲郎．风土［M］．岩波文库，1979.

■ 4. 促进设计规划的建筑规划方法

芦原义信．并行街区美学上、下［M］．岩波文库，1979.

东孝光．日本人的建筑空间［M］．彰国社，1981.

C·埃里克森．形状合成之笔记［M］．稻叶武司译．鹿岛出版社，1978.

C·埃里克森．模型语言［M］．平田干那译．鹿岛出版社，1984.

C·埃里克森．交流与隐私［M］．冈田信一译．鹿岛出版社，1967.

冈田光正，高桥鹰志等．新建筑学大纲13：建筑规模理论［M］．彰国社，1988.

柏原士郎等．建筑设计与结构规划［M］．朝仓书店，1994.

阵内秀信．东京的文化人类学［M］．筑摩书房，1985.

中埜肇．空间与人类［M］．中公新书，1989.

日经建筑师．建筑评论讲座［M］．日经建筑师，1996.

日本建筑学会．地域设施规划［M］．丸善，2001.

日本建筑学会．建筑策划理论：建筑软件技术［M］．技报堂出版，1998.

■ 5. 居住与环境

东孝光．尖塔之家白皮书［M］．住宅图书馆出版局，1988.

安藤忠雄．住家［M］．住宅图书馆出版局，1997.

市原出．生活走廊／美国郊区住宅梦［M］．住宅图书馆出版局，1997.

上田笃．日本人与居住［M］．岩波新书，1974.

延藤安弘．想住在这样的房子［M］．晶文社，1984.

延藤安弘．今后的集合式住宅建设［M］．晶文社，1995.

大河直躬．人类居住学［M］．平凡社，1986.

太田博太郎．近代住宅史［M］．雄山阁，1967.

I·哥宏等．房屋设计［M］．汤川利和译．鹿岛出版社，1993.

黑泽隆．一居室集合住居．住宅图书馆出版局，1997.

香山寿夫．建造城市的住居／英国、美国的联体别墅［M］．丸善，1990.

小泉正太郎．居住学记述［M］．相模书房，2002.

小谷部育子．对集合式住宅的建议［M］．丸善，2002.

筱原一男．住宅理论正编、续编［M］．鹿岛出版社，1970、1975.

铃木成文．住宅文化与规划［M］．彰国社，1988.

铃木成文．居住读本：现代日本居住理论［M］．建筑资料研究社，1999.

铃木成文等．家与街区［M］．鹿岛出版社，1984.

清家清．私人住家白皮书［M］．住宅图书馆出版局，1997.

巽和夫．现代房屋理论［M］．学艺出版，1986.

鸣海邦硕．城市顶点：生活空间学现象［M］．筑摩书房，1987.

西山夘三．日本住家 I～III［M］．劲草书房，1976～1977.

日本建筑学会．集合式住宅规划研究史［M］．日本建筑学会，1989.

O·纽曼．容易守护的居住空间［M］．汤川利和等译．鹿岛出版社，1982.

藤本昌也等．新建筑学大纲28：住宅设计［M］．彰国社，1968.

布野修司．贫民窟与兔子屋［M］．青弓社，1985.

布野修司．居住梦与梦中的住家：亚洲居住理论［M］．朝日选书，1997.

C·A·贝利．相邻居住区理论［M］．仓田和四生译．鹿岛出版社，1975.

C·C·马格斯等．人类居住环境设计［M］．汤川利和译．鹿岛出版社，1989.

宫协檀．日本住宅设计／作家与作品背景［M］．彰国社，1976.

山本理显．居住理论［M］．住宅图书馆出版局，1993.

T·莱纳．理想城市与城市规划［M］．太田实译．日本评论社，1967.

■ 6. 现代建筑设计

伊藤诚等. 新建筑学大纲31:医院设计[M]. 彰国社, 1987.

R·文丘里. 建筑的复合性与对立性 [M]. 伊藤公文译. 鹿岛出版社, 1982.

办公大楼综合研究所. 下世纪大楼条件 [M]. 鹿岛出版社, 2000.

笕和夫等. 新建筑学大纲32:福利与休闲设施设计 [M]. 彰国社, 1988.

门内辉行与槙文彦对话:"并行街区山坡平台 / 山腰解读", SD 2000年1月刊, 槙文彦特集 pp.26-35, 2000.

栗原嘉一郎等. 新建筑学大纲30:图书馆、博物馆设计 [M]. 彰国社, 1983.

是枝英子, 野濑里久子等. 现代公共图书馆的半个世纪历程 [M]. 日本图书馆协会, 1995.

清水裕之. 剧场架构图 [M]. 鹿岛出版社, 1985.

守旧者:"立体空间研究", 房屋与社区基金, 1994.

铃木博之, 山口广. 新建筑学大纲5:近现代建筑史 [M]. 彰国社, 1986.

B·吉米. 建筑与隔绝 [M]. 鹿岛出版社, 1996.

长仓康彦, 长泽悟, 上野淳等. 新建筑学大纲29:学校设计 [M]. 彰国社, 1983.

日本建筑学会. 规划与设计 [M]. 日本建筑学会, 1979.

日本建筑学会. 空间演出:世界建筑与城市设计 [M]. 井上书院, 2001.

天边健雄等. 新建筑学大纲33:剧场设计 [M]. 彰国社, 1988.

船越彻. S.D.S.（空间设计系列）1-10 [M]. 新日本法规出版, 1996~.

S·霍尔:"知觉问题:建筑现象学", a+u1994年7月刊另刊, p.41, 译文 p.173, 1994.

村尾成文等. 新建筑学大纲34:办公、复合建筑设计 [M]. 彰国社, 1982.

山本理显. PLOT（01）山本理显之建筑方式 [M]. A.D.A.EDITA, 2000.

勒·柯布西耶作品集 [M]. A.D.A.EDITA, 1976.

阿尔法·阿尔特作品集 [M]. A.D.A.EDITA, 1979.

密斯·凡·德·罗作品集 [M]. A.D.A.EDITA, 1976.

弗兰克·劳埃德·赖特作品集 [M]. A.D.A.EDITA, 1976.

安东尼奥·高迪 [M]. parco 出版, 1985.

■ 7. 建筑规划研究

伊藤滋. 城市设计与模拟 [M]. 鹿岛出版社, 1999.

岩下丰彦. SD法形象测定 [M]. 川岛书店, 1983.

D·肯特. 场所心理学[M]. 公田纪元等译. 彰国社, 1982.

岐阜县土木部住宅科. 岐阜县营住宅 high town 北方宣传小册子.

杉浦进. 有关住宅集合式规划诸要素研究 [D]. 东京大学学位论文, 1981.

铃木成文等房屋学习小组. 韩国现代住居学. 建筑知识, 1990.

中村良夫. 景观学入门 [M]. 中公新书, 1982.

日本建筑学会. 建筑与城市调查分析方法 [M]. 井上书院, 1987.

日本建筑学会. 建筑与城市规划空间学 [M]. 井上书院, 1999.

日本建筑学会. 建筑与城市规划空间学词典 [M]. 井上书院, 2001.

O·纽曼. 容易守护的居住空间 [M]. 汤川利和等译. 鹿岛出版社, 1976.

服部芐生. 有关住宅样式的平面类型动向研究（1）[J]. 住宅研究所学报, No.7, pp.87-116, 1980.

J·范斯达因. 与场所之对话 [M]. 高桥鹰志译. TOTO 出版, 1991.

柳泽忠, 今井正次. 有关中央手术区周围动线的研究（其中3）, 日本建筑学会论文报告集 [R]. No.236, pp.69-78, 1975.

罗兰·巴尔特. 符号学原理 [M]. 花轮光译. 三铃书房, 1999.

两角光男. 绿色建筑与城市:007建筑设计新形式 [M]. 丸善, 1998.

凯文·林奇. 城市形象 [M]. 丹下健三等译. 岩波书店, 1968.

相关图书介绍

● 《国外建筑设计案例精选——生态房屋设计》（中英德文对照）
[德] 芭芭拉·林茨 著
ISBN 978-7-112-16828-6（25606）32 开 85 元

● 《国外建筑设计案例精选——色彩设计》（中英德文对照）
[德] 芭芭拉·林茨 著
ISBN 978-7-112-16827-9（25607）32 开 85 元

● 《国外建筑设计案例精选——水与建筑设计》（中英德文对照）
[德] 约阿希姆·菲舍尔 著
ISBN 978-7-112-16826-2（25608）32 开 85 元

● 《国外建筑设计案例精选——玻璃的妙用》（中英德文对照）
[德] 芭芭拉·林茨 著
ISBN 978-7-112-16825-5（25609）32 开 85 元

● 《低碳绿色建筑：从政策到经济成本效益分析》
叶祖达 著
ISBN 978-7-112-14644-4（22708）16 开 168 元

● 《中国绿色建筑技术经济成本效益分析》
叶祖达 李宏军 宋凌 著
ISBN 978-7-112-15200-1（23296）32 开 25 元

● 《第十一届中国城市住宅研讨会论文集——绿色·低碳：新型城镇化下的可持续人居环境建设》
邹经宇 李秉仁 等 编著
ISBN 978-7-112-18253-4（27509）16 开 200 元

● 《国际工业产品生态设计 100 例》
[意] 西尔维娅·巴尔贝罗 布鲁内拉·科佐 著
ISBN 978-7-112-13645-2（21400）16 开 198 元

● 《中国绿色生态城区规划建设：碳排放评估方法、数据、评价指南》
叶祖达 王静懿 著
ISBN 978-7-112-17901-5（27168）32 开 58 元

● 《第十二届全国建筑物理学术会议 绿色、低碳、宜居》
中国建筑学会建筑物理分会 等 编

ISBN 978-7-112-19935-8（29403）16 开 120 元

● 《国际城市规划读本 1》
《国际城市规划》编辑部 编
ISBN 978-7-112-16698-5（25507）16 开 115 元

● 《国际城市规划读本 2》
《国际城市规划》编辑部 编
ISBN 978-7-112-16816-3（25591）16 开 100 元

● 《城市感知 城市场所中隐藏的维度》
韩西丽 [瑞典] 彼得·斯约斯特洛姆 著
ISBN 978-7-112-18365-4（27619）20 开 125 元

● 《理性应对城市空间增长——基于区位理论的城市空间扩展模拟研究》
石坚 著
ISBN 978-7-112-16815-6（25593）16 开 46 元

● 《完美家装必修的 68 堂课》
汤留泉 等 编著
ISBN 978-7-112-15042-7（23177）32 开 30 元

● 《装修行业解密手册》
汤留泉 著
ISBN 978-7-112-18403-3（27660）16 开 49 元

● 《家装材料选购与施工指南系列——铺装与胶凝材料》
胡爱萍 编著
ISBN 978-7-112-16814-9（25611）32 开 30 元

● 《家装材料选购与施工指南系列——基础与水电材料》
王红英 编著
ISBN 978-7-112-16549-0（25294）32 开 30 元

● 《家装材料选购与施工指南系列——木质与构造材料》
汤留泉 编著
ISBN 978-7-112-16550-6（25293）32 开 30 元

● 《家装材料选购与施工指南系列——涂饰与安装材料》
余飞 编著
ISBN 978-7-112-16813-2（25610）32 开 30 元